U0222034

依然美丽

伊然 著

江苏文艺出版社
JIANGSU LITERATURE AND ART
PUBLISHING HOUSE

特别感谢父母给了我一个让人难以忘记的名字——哈木拉提。很多女孩都会说这个名字好像一块很好吃的糖。因为名字的重复率太低，读法太难，随之像"提拉米苏"等各种版本的名字油然而生，这个难记的名字也自然地考验了观众的记忆力。在2005年第一次走进屏幕做娱乐主持人时，我索性就更换为艺名"伊然"。"伊然"在维吾尔语的音译是电视屏幕，还代表坚持永恒的意思。就是这个"伊然"让我依然坚持，依然快乐，依然美丽！

伊然就是哈木拉提！

伊然为什么讲述美容故事如此深刻？

很多人都问过这样的问题。那是因为我曾经走过了一段特别艰辛的美容路程，所以对追求美丽的朋友万分理解：20岁如花似玉，30岁压力过大，40岁接近衰老，50岁衰老到达顶峰。说起美丽下滑的这个自然规律，大家都会认为我的职业是美的守护者、保卫者！

有人叫我美容达人，有人叫我伊然老师。而事实上我从不认为自己是所谓的达人，更称不上"老师"两个字。我，只是一个传递美的人。

我之所以从事了现在这个传递美的行业，应该与妈妈不无关系。我从小耳濡目染，对那些五颜六色的化妆品产生了浓厚的兴趣。在同年龄的小男孩不顾形象地在外面疯跑疯玩的时候，我就已经懂得了"得体"、"漂亮"两个词。虽然在大人的眼里，我只是学会了"臭美"，但正是因为懂得了"臭美"两个字，在我的青春成长历程里，才慢慢学会了认识美、理解美、研究美、懂得美。

有人说，美不美其实还不是一样地生活。每天疲于奔命、养家糊口、惶惶度日，吃饱、穿暖、睡足就是人生。美，对于我们的生活而言，似乎稍显奢侈。然而，生活中又何处无美呢？娃娃的第一声啼哭，妈妈的幸福微笑，爱人的温暖拥抱，朋友的无稽嬉闹……我们只是让自己的心太忙碌了。慢下来你会发现，原来生活可以这样美。

我不希望大家在拿到这本书的时候，发现这只是万千美容书籍中的一册，全是换汤不换药的美容知识，只不过换了一个所谓的美容达人去讲述而已。我希望大家能够通过这本书感受到欢乐，找到追寻美的方式，通过我这样一个普通人的生活故事和追美历程，看到自己拼搏奋斗的轨迹，能够坦然自信地面对生活，泰然自傲地面对工作。

努力，坚持，没什么不可以。

不要为美所累，为美所迷失。追寻美只不过是你对美的享受。Take easy！因为，世界本来就是你的。只要你想，你就是独一无二的，你就可以是美的！

我愿意毫无保留地告诉你，其实你可以这样美丽！

这是一本关于美丽的智慧小册子，我愿意和你一起逐一击破肌肤问题：粗大毛孔、黑头、痘痘、黑眼圈、眼袋、皱纹……

在这个护肤品广告铺天盖地的梦想世界，我可以告诉你保护皮肤不但是一个梦想，更是一门学问。你认识自己的肌肤吗？你对自己这张脸到底了解多少？有没有过失败的保养，曾经让你的肌肤备受折磨？也许这不是一本阐述得淋漓尽致的教科书，我也不是一个严谨治学的教父，我只愿意将不计其数的把自己当作小白鼠的亲身体验娓娓道来，让你获取肌肤新生的小经验，追寻美、体验美、感悟美、享受美！

我以自己的切身经历，向你证明：美丽在付出时间和精力的同时，也让我们赢回自信；由内而外散发出的美丽和品格，才能历久弥新。小小的我，连通小小的你，跟我一起塑造美丽肌肤，寻找魅力自信，感悟彼此的人生！

你，依然美丽。

你将读到：我对美的细腻感悟，拯救你的肌肤，唤醒你独一无二的美。

目 录
Contents

第三章：美，就是做最好的自己

『若要优美的嘴唇，要说友善的话；若要可爱的眼睛，要看到别人的好处；若要苗条的身材，把你的食物分给饥饿的人；美丽的秀发，在于每天有孩子的手指穿过它；若要优雅的姿态，走路时要记住行人不只你一个。』

——奥黛丽·赫本

小时候长得好看，大人们会夸这个孩子长得真好啊；长得不好看，大人们会夸这个孩子长得好可爱呀！

长大之后，长得好看的还是会被夸奖；不好看的怎么办？自怨自艾？

什么是好看，什么是不好看，这只不过是人们自我定义的美丑观念而已。所谓身体发肤受之父母，这是先天无法改变的。但是我们为了使自己变美，可以做的实在太多了。

追求美有很多方式。有人选择使用"高科技"来改变自己的容貌；有的人不愿意大动干戈，通过各种"小打小闹"的方式来强化、叠加，以求达到美的效果。

如果你初出茅庐，对美的概念还懵懂无知，那么就不要盲目追求市面上的各种美容技巧。不如慢慢地了解自己，熟悉自己，修身修心，内在的自信完全可以打败外在的踟蹰。到那个时候再搭配你学习到的修饰方法和技巧，相信没有人会觉得你不美。

青春道路上的坎坷都是成长必经的，我愿意把自己的亲身经历分享给大家——不是以美容达人的身份，而是一个经历各种挫折，坚定信念，坚持梦想，最后才得以蜕变的同龄人。

美丽是自己培养和创造的

说是熏陶也好，是耳濡目染也罢，相信每个人在成长中都有过对美的向往和幻想，对美的认知和理解也会伴随着成长，在不同时期呈现出阶段性，甚至是颠覆性的变化。

小时候，在我眼中最美丽的形象就是妈妈和姐姐。妈妈化妆桌上五彩斑斓的化妆品，姐姐五颜六色的连衣裙，还有一走路就随风飘起的一袭长发，这些就是我对美的最初、也是最深刻的印象。后来上了小学，学校里的班主任老师，和永远像阳光一样灿烂微笑的女班长，又成为了我对美的另一阶段的认识。周一早晨升国旗的时候，大家都会穿上最漂亮干净的衣服。负责领队的班主任老师站在最前面，总是微微笑着，黑色的长发被风吹起，在阳光下闪着耀眼的光芒，那才是真正秒杀一切的及腰长发呢！

每个孩子似乎都有过崇拜优秀者的偶像情结。上学的时候，我最崇拜的就是老师，总感觉她们无所不知、无所不晓，并且每一位都是那么博学多才，可以回答出我们提出的所有问题，在课堂上针对任何一个问题侃侃而谈，讲出那么多我们渴望了解的东西。我也喜欢过像女班长一样威严又美丽的女生，她可以威风凛凛地穿梭在教室里代收作业，也可以代替老师管理班级里的学生。在那个时候的我看来，她的严厉样子也是非常帅气的。也许就是因为这些小小的崇拜，才慢慢地铺就了我现在的"美容讲师"之路。每当我去全国各地给那些求美若渴的女士讲课的时候，每当我在电视机前介绍一款着实有效的护肤品的时候，这种油然而生的"存在感"可能都源自于这些小时候的小小崇拜。

小孩子可能都会被色彩鲜艳的东西所吸引，仿佛它们充满了神奇的魔力。我也不例外。女孩子头上的花头绳，老师胸前漂亮的胸针，妈妈化妆桌前的香水和一瓶瓶散发着香味的面霜……都是我经常注意到的细节。现在想想，可能就是这些形成了我对美细微观察的原动力。大多数女孩对美的启蒙就是从这些小细节开始的。而我作为一个男孩子，时常注意这些小女孩才喜欢的东西，也曾经被大人当作是一个性格怪异的人；但也正因为这些从小的与众不同和"怪异"，才让我从懂得美的那一刻起，就开始学习探索美和追寻美！

姐姐比我大7岁，所以从小我就是姐姐的跟屁虫，上学放学都和姐姐在一起。姐姐不仅担当了我的保护角色，也担当了我整个童年时期的美丽导师。姐姐那些漂亮的白衬衣，一双双有点成熟味道的低跟鞋，身上飘着

的淡淡香水味都让我充满了好奇。由于年龄的差距，在我上小学的时候，姐姐就已经是高中生了。长大后的姐姐更加懂得如何装扮自己，所以我总能从她身上知道当下最时尚的信息：姐姐的第一款护肤品，永远在风中飘荡的马尾，笔记本里贴着的一个个明星贴画，还有下面相应配着的明星歌曲……从姐姐的笔记本里面，我知道了那个时候最美的明星张曼玉、刘嘉玲，她们女神般的形象一直都深深地刻在我心里。那个时候的她们代表着我对美的一切向往，而姐姐和妈妈则引领了我整个童年时期对时尚的认知和改变。

就这样，在妈妈和姐姐的熏陶下，我无论在初中、高中还是大学，一直都是学校里最懂得时尚潮流、最懂得穿着搭配的男孩子。蓝色牛仔裤搭配套头毛衫加外衣，一双绝对够时尚的运动鞋，这就是我初中的通常打扮。各种嘻哈大T恤、细腿铅笔裤、大大的围巾和一双滑板鞋，则是我高中的"御用造型"。大学时代的我通常是阳光外型：牛仔外衣、宽腿多口袋的休闲裤、鲜亮颜色的球鞋，再配个大大的背包。校园里的女同学不时对我投以关注的目光，并伴着喃喃低语，这曾经让我小小地臭屁和骄傲过。回想起来，我似乎在人生的每个阶段都显得有点与众不同。也许有人说我自恋，也许有人说我臭美，但是我依然坚持着自己对美的追求。现在想来，其实这一切似乎都是上天安排好的铺垫，如果没有那些青春成长阶段的与众不同，也许我就不会像今天这样地了解女性；如果没有那些阶段所经历的成长蜕变，也许我就不会像现在这样了解与深知美。

大学时期，学校对面的发型室绝对是满足我们自信的集散地。我曾经创新地在头发上一条一条地挑染上大红色，同学们一度称呼我为"丹顶鹤"，我阴错阳差的无意之举却真的领衔了发型界的一段时尚——从那年开始流行挑染！不过，这些远远满足不了我追求时尚的"先驱性"。因为我头发的一部分总是卷卷的，有点像中国版的卷福，后来干脆直接顺应潮流，做了负离子直发。做过离子烫的朋友一定知道，那个过程是多么漫长难熬，7个小时苦坐在椅子上，就为了顶着一头如同牛舌狠狠照顾过的发型。这样的小直发曾经陪伴了我足足半年的时间。虽然现在想来好笑，但当年确实大街小巷全是直发。

想想这一路，我从对美的懵懂无知，到对美的无限憧憬和幻想，到如今在追寻美、研究美、创造美的过程中经历了心酸坎坷，似乎这一切都成为了造就我的巨大财富。如今的我愿意坦露自己的心声给大家，正是想要告诉大家：美是没有任何界限的，没有谁天生就是不美的。每个人都有权利去感觉美、享受美，每个人也都应该为了让自己生活得更美而努力。

也许你不知道该怎样去让自己美；或是碍于面子，怕亲朋好友笑话自己的"另类"；或是缺少自信，认为自己无法从丑小鸭变成真正的白天鹅，但是我要告诉大家，每个人都是自己的白天鹅，追求美不是臭屁，不是另类，不应该是被嫌弃的一件事，而应该是我们互相沟通、互相交流，让自己的精神世界不断丰富、人生阅历不断丰实的过程，从而也能让我们更加自信地存在，更加骄傲地生活。

我希望通过这些自己的真实故事，以及对美的经验积累，为大家传递一种对美的重新理解和全新定义，让每个人都能够自信地活在自己的小世界里。我没有什么与众不同，我和大家一样经历过、或者正在经历着，我们都一样在青春懵懂、磕磕碰碰中长大。我会将我所知道、了解到的美容知识毫无保留地传递给大家，希望给大家在探寻美的路上添点砖、加点瓦，希望每个人都能找到让自己美的方法。

相信生活，相信自己，你是这世上最独一无二的存在，你的美也是独一无二的!

拒绝嘲讽，你不能低估心的力量

嘲讽是一种别人对你羡慕嫉妒的表达方式，而你的努力会让他们只能在身后嘲讽，却永远追不到你的脚步。自信，永远最美！

好奇害死猫。 对美的过早接触，使我在童年时光有过一些"可歌可泣"的事迹。妈妈化妆桌上的大红色指甲油，还有绿色的变色口红，这些都是我一定要在她不在家时攻克的对象。第一个攻克的是那个红色指甲油。也许是遗传了妈妈与生俱来的巧手，小小的我把十个指甲都涂抹得特别精准。但是小孩子还是避免不了毛手毛脚，也不懂得注意那么多的细节，虽然小心翼翼，最后还是打翻了妈妈宝贵的指甲油。为了收拾残局，我偷偷地跑去水龙头旁边又洗又涮，生怕被妈妈看见。可是怎么洗都洗不干净，最后只能向妈妈认罪了。现在我们都知道指甲油用水是根本洗不干净的，特别是凉水，只能让它更加坚固地停留在你的指甲上。因为这件事，我还被班里的同学当作笑话狠狠地嘲笑了一番。不过那个时候的我非常有个性，对他们的嘲笑一点都不以为然，甚至理都不理，继续对那些美丽的化妆品充满无数天

马行空的幻想！

　　很多人在小时候都见到过那款神秘的变色口红。口红本身是绿色的，涂在嘴巴上之后就会变成大红色，非常难擦掉。这是因为口红里面添加了化学成分，遇到空气会氧化变色。那时候的我觉得特别神奇，当把自己当作试验品涂上口红后，原本的小嘴变成了血盆大口，妈妈怎么努力都没办法洗掉，最后没办法，我只能很大方地顶着红嘴唇继续去院子里玩，小伙伴们像观看动物园里的小猴子一样围着我看。最后在做游戏的时候，我被他们划分到了女孩堆里面。

　　隔行如隔山。我从来没有想过自己与美容护肤这个行业会有千丝万缕的联系。科班主持人专业的出身，娱乐节目和时尚节目的主持经验，让我对现在美容讲师的职业驾轻就熟，也为我的成功转型做了很好的铺垫。在为观众流利表达专业美容知识的同时，能够将晦涩难懂的专业知识用适当的词句解释给大家，都得益于我在那些年的主持人经验。心里有话却无法正确表达，这应该是很多博学多识的美学老师无法走到屏幕前的原因吧。

　　说到这个职业，你千万不能认为有点美容知识就够了。那些摆在面前的瓶瓶罐罐，各种植物草药放在一起合成的护肤品，多少配比会产生怎样的美容效果，用什么方式合理保存那些珍贵成分的寿命，这一切都是我长期泡在实验室里，不断地拿自己当作小白鼠积累出来的经验。

任何一种护肤品，都需要用正确合理的讲解呈现出来。这除了要有好的策划外，更需要由美容专家提供让大家迅速看到效果和明白原理的实验。

为了让学员们理解祛皱和皮肤缩水的概念，我曾经想过用护肤品抚平皱纹纸来表达效果，也考虑过用面粉吸收水分来表明皮肤可以迅速吸收营养。我做过各种稀奇古怪的实验，就是这样一路走来。生活中的每一个细节、每一件事情都有可能用来佐证护肤品的功效，这样能让观众更直观地了解自己选择的化妆品到底有着怎样的效果。

一次春节联欢晚会中，刘谦的魔术吸引了我。他在大家的注视下，在一秒钟之内就让杯子中的水消失了。大家都知道这是魔术效果，但我却对这个原理非常好奇。后来我不断上网去查，也咨询过专业人士，得知它的原理是用了专业的吸水粉。我成功地将这个魔术改变为自己讲课的一个环节——肌肤吸收试验，用来演示护肤品为什么一点点地进入了毛孔。运用刘谦的魔术，我成功地让大家看到了肌肤吸水的神奇效果。其实这样的例子还有很多，我认为细心就将成就自己的财富。

万事开头难。一次次失败的护肤品策划方案，一次次失败的美容培训，一次次失败的护肤品成分配比，都让我一再怀疑过自己是否适合这个行业。而现在的我对于美的自信源于观众，源于那些听课的学生。当看到女性朋友在我的帮助下获得肌肤改善的时候，当我的指引和培训使她们收获了自

信和美丽的时候，我渐渐地理解了这些付出，不仅仅是为自己的收获，而更多的是带给大家的幸福和快乐。从此我将自己的职业定位成了一个美的传播者，一个美的指引者，一个宣扬美的美容工程师。

这一切都坚定了我要在这个行业里继续走下去的意愿，促使我不断去解决关于美的难题。我愿意解开观众心中对美的误解，我愿意带她们走进更美的肌肤殿堂。

每个人在坚持自己的路上都会遇到他人的批驳。父母根本不赞同我转行做专家老师。当我提出这个想法时，他们曾经认为我疯了。也许你认为伊然肯定有一位强大的美容老师，每天教他各种美容知识，否则他怎么会如此快速地融入到这个行业中来，甚至成为"老师"。其实你错了，这一切都在于自己的学习。我也曾经有过频繁犯错和不被认可的时候，但我默默地用金牛座的倔强熬过了那些不服输的岁月。刚刚开始的时候，我会把所有关于美容的知识一字一句地记在笔记本里，眼过千遍不如手过一遍。但即使这样，也难免会有失手犯错的时候。我曾经在某媒体节目中错将一种有名的美容成分归功于获过某个美容大奖。在遭到热心观众的投诉后，我诚恳地代替节目组向这位观众去电致歉。

一次次的错误让我知道，美丽不是随意地说说而已，它更是一门需要研究和攻克的学问。

不是努力就会有回报，还要懂得坚持

在奋斗和创业的过程里，没有谁是天生的幸运儿。我自认不是什么天资聪颖的孩子，比别人多一点点的无非就是坚持。

刚刚进入这个行业的时候，我几乎每天都把自己泡在实验室里，与各种化学成分做伴，研究每种美容方法是否确实有效。比如那么多种产品号称可以使皮肤锁水，但它们真的都能达到效果吗？我就在实验室里面，亲自用这些成分去做实验。有时候感觉自己突然之间变成了科学怪人，脑子里全都是各种成分配比。到底什么样的成分能够真正将皮肤的水分锁住？光补水肯定是不够的，皮肤不吸收，再怎么补水都是无济于事，等于竹篮打水。需要有一种成分能把水分锁在皮肤里面。为了了解这一点，我就一次次地做实验，一次次地往自己脸上抹东西。人家常说实践出真知，我对此深信不疑，只有你确实经历了，你才能够知道到底什么是好、什么是坏，也才能够在这个基础上研究出新的功效和成分。

我不断地拿自己的脸做实验，仿佛是有一种挑战因子在怂恿着我。只要有新的研制方法，我就无法克制自己的激动，我也想到过，这样做下去一定会破坏自己的皮肤组织，甚至这些化学成分有可能让自己毁容。但在实验钻研面前，这些恐惧似乎显得一点都不重要了。有的时候我觉得自己肯定非常"二"。有些人在做事情的时候也许会有所顾虑，如果对自己有可能造成伤害的话，一定会三思而后行，但是我从来都不怕。

我就是这样凭着冲劲一路走过来的。什么样的坎坷都经历过，什么样的失败都尝试过，因为自己执着的性格闯过祸，更因为耿直的个性得罪过不少人，出过不少事情。但我一直像个金刚钻一样地高速运转着，坚持在这条并不平坦的道路上前行，前方吸引我的最大魔力就是自己对这个行业的热爱，以及那个一直不断自我提醒的"初心莫忘"。

最开始做电视购物的时候，我好像如鱼得水一样，把自己曾经做娱乐主持的劲头拿了出来，再加上自己什么事情都往前冲的个性，在电视机前什么都敢说。有时候把产品讲得天花乱坠：什么这个东西可以让你年轻二十年啊，错过了就等于割杀自己的青春啊。但是事实上，这样的话在电视购物上是不允许说的。这样简单的一句话在说出去之后，你觉得没什么影响，却没有想过会有多少人选择相信。你要不要对这句话产生的后果负责呢？请问一下，怎么样才能回到二十年前的自己，请你来亲自示范一下？如果真的有人这样问的话，我一定是哑口无言的。当时只是凭着一身的傲气，自我感觉良好，觉得自己什么都挺厉害的，没有什么是驾驭不了的，在电视机前一番天花乱坠的描述，将产品的性能夸大不说，那个时候我也并没有想到是不是应该为观众负责。

这样傲气的我不可能是一直一帆风顺的。在人生低潮的时候，我经常接到客户的投诉。因为我在节目上经常说着说着就搂不住嘴，会将一些功用夸大，或者说出一些不该说的话。虽然在这个行业坎坎坷坷，什么都经历过了，但是我想这对我来说其实也挺好的。吃一堑才会长一智，有过这些挫折和经验，我才会知道现在所做的事情有多么重要，才会明白什么叫负责任，这些失败和挫折也帮助了我在这个行业中快速成长。

因为本身执着的个性，顶着年轻的帽子，我常常天不怕地不怕，什么事情都非要较真，再加上敢拼敢抢，我往往把自己逼到死胡同。如果一件事情需要做到一，那么我一定逼着自己做到十。因为我特别明白一个道理：天道酬勤。我不是一个天资聪颖的人，即使是天资聪颖，我也坚信做事情如果不能吃苦耐劳、钻研透彻，搞投机取巧的把戏是不会成功的。我相信天上不会掉馅饼，老天爷不会照顾瞎家雀，只有当你自己准备充分了，才能够在机遇到来的时候一击即中。

美是一种向上的力量

我是一个停不下来的人，喜欢深入到行业中钻研。等琢磨清楚之后，我就希望能够有新的挑战。目前，真正能服务大众，让大家既经济又实惠地享受美容护肤，就是我最大的奋斗目标，而现在的我也在慢慢地实现着这个目标。每当在实验室里索然无味的时候，每当累得病倒、身心疲惫的时候，这些都成为我最后坚持的动力。

我其实很喜欢目前的生活状态，每天有各种讲课、各种实验，在各个城市飞。虽然忙碌，但是很充实。我享受现在的每一天，因为我在不断地把自己的正能量和知识传递给大家。每当看到大家在上课过程中了然于心的表情，看到课后会有肌肤困扰的朋友找我，希望通过我的方法得到缓解的时候，我就会非常庆幸自己这些年来的坚持与努力。当大家围在我身边认真倾听的时候，我会感到十足的成就感。比如推荐 BB 霜，我会用自己独有的方式告诉大家，这个东西到底好在哪里，大家也都非常相信我。也曾经有人觉得我是江湖骗子。但是事实上，所有听过课的人都知道，为什么我所讲的能够让人信服：那是因为我的每一句话，每一种方法都是通过自己亲身证明确实有效的，我的讲解是真正为大家负责任的。

有时候一个节目下来，会有 3000 多人打电话进来。这应该就是语言

的吸引力和我的诚挚之心带来的能量。我觉得自己应该是一个传递美、分享美的亲民形象，所以没有必要把自己刻画得高高在上，让自己摆出一副专家的姿态，如果那样的话，慢慢就会让大家觉得不现实。比如讲到面膜的功效时，我会告诉大家这个面膜非常好，一张面膜相当于 50 倍的乳液、50 瓶的精华水、30 张的面贴膜。在临睡前做保养的时候，谁都不愿意把自己的脸搞得太复杂，但是使用这个面膜，你可以一擦就睡，省去了很多烦杂的步骤。打个比方，你的脸上像张开了无数的小嘴巴，你给它多少，它吃多少，第二天你发现，跟前一晚比起来不一样，第三天又会和第二天不一样。你的年轻美丽是这样一点点地变化积累起来的。我就是用这样的方式，用更能够让人清晰理解的比喻，来给大家诠释怎样才能变美。

谁都希望永葆青春，永远美丽漂亮。我非常理解有些年纪大一点的女性希望年轻，留住美丽。她们想要的年轻是什么？我身边的朋友想要的年轻又是什么？这些都会督促我在生活和工作中更加细致入微地去观察、了解和发现，尽我最大的可能，帮助大家去完善自己，树立她们在生活中的自信。

在讲课的过程中，有些朋友也会经常拿一些日常性的美容护肤问题来询问我，比如市面上有很多面膜都是免洗的，这个免洗面膜到底应不应该洗？其实，这要看个人的皮肤状况，因人而异。假如说你这段时间比较容易长痘，起油脂粒，那么千万不要把面膜留在脸上，一定要洗干净。如果这段时间皮肤比较干，没有什么炎症性的问题的话，可以把它留在脸上，然后轻轻地用手把营养成分拍进去，再擦一些基础性的化妆水，就等于把上面过渡性的没有被吸收的营养液擦掉了，其他的成分还在毛孔里，还在起着作用。如果平时皮肤状况不太好的话，我建议大家可以使用一些药物性维生素 C 和 B_6。维生素 B_6 是抑制皮质性炎症的药物。

我来分享给大家一些日常生活中的小 TIPS。只要坚持做，这些小方法对美容护肤就会起到非常大的帮助。

1. 指肚弹击面部美容法：

把双手洗干净，剪去指甲，然后用十个手指的指肚轻轻地弹击、敲打脸部，就像弹钢琴一样。每次涂完脸部保养品之后，就用手指轻轻敲打脸部，可以加快脸部皮肤的血液循环，改善皮肤的新陈代谢，长期坚持，甚至可以避免皱纹、色素、色斑的产生。

2. 吹口哨锻炼皮肤肌肉：

小时候大家应该都有学习吹口哨的经历吧？其实吹口哨能够关联到脸部的肌肉，这和嚼口香糖是一样的原理，不过经常吃口香糖容易造成腮部肿大，所以爱美的女孩平时要多注意一点。长大之后女孩子可能吹口哨的经验比较少，其实吹口哨不仅能够促进脸部的肌肉运动，而且还能帮助我们消除一些面部的笑纹。因为吹口哨其实还需要动用到心肺功能，所以还有减缓脉搏跳动和降低血压的作用，可以说是一项既省力又强大的"健身运动"。

3. 夜晚皮肤"再生"法：

大家有时候会不会觉得，晚上做了皮肤护理之后，第二天早晨起来的时候皮肤状态会特别好，其实这不只要感谢护肤产品，还要感谢我们皮肤在晚上的一个修复"再生"。大家辛苦一天回到家里，可能非常疲惫，懒得卸妆，懒得洗脸，但其实晚上的面部清洁对皮肤状况的影响非常大。晚上洗脸的时候最好用温水洗脸，轻轻地按摩皮肤，加快皮肤表面的血液循环，之后再根据自己本身的皮肤状况涂抹适当的晚霜或者精华素，这样会让第二天的皮肤看起来更加得水嫩。当然切记不要涂抹过多的护肤品，这样容易造成毛孔的堵塞。

4. 口香糖美容法：

刚刚提到嚼口香糖对皮肤状况有改进，其实不仅仅是口香糖，平时吃一些坚果，或者吃饭细嚼慢咽都对皮肤肌肉组织的改善有非常好的作用。这主要是因为嘴部运动带动了皮肤肌肉组织的运动，从而加速了血液循环。据说，经常咀嚼可以减少脸上的皱纹，让皮肤更加光滑。这一点我还没有考证，大家要适当根据自身的情况进行调节。

5. 游泳是最佳运动：

众所周知，游泳是最佳的减肥运动，能够起到雕塑身材的作用。游泳能使身体内的血液流动畅通，因而会对皮肤状况的改善起到很好的作用。坚持长期游泳的话，还能够起到很好的减肥功效，一举两得。

6. 告别黑眼圈，大睡美容觉：

无论如何，晚上的睡眠时间一定要保证，疲劳会加重你的黑眼圈和眼袋。而睡觉是美容的不二法宝。现代很多人睡得很晚，早上又不得不爬起来上班，因而睡眠时间根本无法保证，长此以往不仅皮肤状况每况愈下，更重要的是身体各脏器无法排毒，长此以往会对身体造成严重的伤害。

科技的发达带给我们很多便利，同时也带来了一些衍生的"副作用"，而电子产品的辐射就是我们一大难题。尤其现在的年轻人，上下班手机不离手，甚至吃饭、上厕所也必须带着手机，在朋友聚会时更是有很多的"低头党"。这些"低头党"每天就这样受着手机的辐射，不仅给皮肤带来破坏性的作用，而且给颈椎和脊椎带来严重的负担。那么爱美又无法放下手机的朋友，应该如何来防止电子产品带来的破坏呢？

1. 清洁皮肤要彻底

晚上到家，我们需要释放一天的疲劳，洗去脸上吸附着的各种尘垢，然后涂上护肤品，帮助肌肤进入"休养生息"状态。但是洗脸这个步骤一定要安排在睡前，确保洗脸之后就不再使用任何电子产品，否则你的脸就

需要重新再洗一遍了。

2. 皮肤隔离

大家都知道上网会对皮肤产生伤害，但是又不可抑制地总想往电脑前面凑。对于无法舍弃电脑、但又希望减轻皮肤伤害的女性朋友来说，最重要的就是一定要擦隔离霜，然后再加一层淡粉，用以帮助皮肤隔离电脑辐射的伤害。

3. 远离熬夜黑眼圈

顶着一双熊猫眼四处溜达，心灵会受创的吧？为了避免熬夜上网之后面容憔悴，一副黑眼圈，一定要做好的防御措施就是：不要熬夜，不要长时间上网。上网之后记得做个眼膜，敷一片黄瓜片或土豆片，都会起到不错的效果。

方法是：把黄瓜或土豆切成小薄片，敷在眼睛上，几分钟之后取下；或者用面膜纸裁剪出一小块，泡在牛奶或者凉茶里面，浸透之后取出，使用方法与上同。这个方法可以帮助缓解视觉疲劳，而且还能滋润眼周的肌肤。

4. 食补疗法

食物中含有我们所需要的各种营养成分，所以饮食调整比护肤品来得更实际、更直接。如果长期使用电脑或者电子产品，或是睡得比较晚、睡眠质量也不好的人，应该多吃一些含有维生素 B 的食物，比如芦笋、杏仁、瘦肉、蛋、鸡肉、花生、动物肝脏或是麦片、燕麦、玉米；还可以喝点牛奶和啤酒，其中所含有的丰富维生素 B_2 对皮肤有非常好的调节作用。另外，多吃一些猪肉、牛肉、羊肉、鸡肉、鱼肉、奶制品也对提高记忆力有很大的帮助。定时给自己调制一些水果汁、蔬菜汁，可以帮助缓解视觉疲劳，对皮肤和身体都能起到一定的改善作用。

伊然给你一个专业的美丽课堂

我的补水日记

春夏气温每升高一度，皮肤就失去一部分水分。秋冬季节也是一样，皮肤会逐渐变得干燥异常。这个时候肌肤的保养进入黄金时期，我们要做的第一课就是保湿。相信很多女性都有过这样的经历，面对干燥肌肤手忙脚乱地涂擦各种面霜，但令你失望的是，肌肤没过一会儿就会变干。这是因为你的保湿功课只做了表面功夫，但却忘记了真正抓水的是肌肤深层。

起到补水功效的成分首先当属透明质酸、玻尿酸，这些都是大明星难以离开的法宝。特别记得的一次经历是，医院宣传可以将玻尿酸用针剂注射在肌肤里，相当于自带补水面膜，但尝试的过程却让我深深地感受到了小时候打针的痛苦。全脸注射了将近几百个针眼，除了痛苦就是害怕，全脸都是血迹斑斑的。我带着难受回到家里，一时担心自己的脸能否躲过毁容的危险，几天未出门，随手带着镜子。幸好上天眷顾我，我的肌肤还是获得了亮白滋润的改变。但是作为健康美肤专家，我还是建议大家慎重体验这个方法。植入针剂玻尿酸副作用较大，给身体的肾脏排泄多少会带来负担。

我的美白宣言

你有没有过被人用"包青天""黑玫瑰""黑牡丹""黑客"等来称呼过？你还在为了变白而烦恼吗？美白产品的一层层涂抹，都没有让你回归白雪公主，你是否满心委屈，自己没有哪一天没做美白，却越做越黑吗？

经过实验证明，目前公认对肌肤的确有美白功效、可以有效抑制黑色素的成分有维生素C、传明酸、鞣花酸、洋甘菊、熊果素……这些有效成分在适当比例的用量下，的确可以使肌肤越来越白皙，甚至淡化已经形成的色斑和暗沉。但为什么你还是没变白呢？

主要是因为你没有做好防晒！有没有发现手臂内侧跟大腿内侧的肌肤特别娇嫩白皙？你会将美白精华擦在大腿内侧吗？不会！美白乳液你会涂抹在手臂内侧吗？我相信答案也是不会。那为什么这几个区域的肌肤还是这么白晰稚嫩？主要就是因为这些地方都是我们身体最不容易晒到阳光的区域。

每个女性的最大愿望，就是可以拥有白皙、紧致、粉嫩的肌肤！然而肌肤的老化70%都是来自于紫外线的伤害。紫外线中的UVB又称户外紫外线，会让肌肤晒红、晒伤，一年当中的含量从春季至夏季慢慢增高，从秋季至冬季递减。UVA又称作生活紫外线，可以穿透云层甚至5厘米厚的玻璃，是真正让你变老变黑的最大元凶。UVA 可以深入到肌肤真皮层，破坏胶原蛋白，造成弹性纤维硬化断裂，导致肌肤产生皱纹、松弛，更可怕的是产生皮肤癌！所以若是你只专注在美白护肤品的使用，功夫等于只做了一半；做好正确的美白，加上彻底的防晒，才是让黑斑停止蔓延的不二法门！一般防晒品中标示的 SPF 主要防御的是紫外线中的 UVB；PA 则可以阻挡紫外线中的 UVA，一方面预防晒红晒伤，另一方面预防"光老化"的发生，彻底延缓肌肤的衰老松弛。记住：防晒不只是有阳光才做，雨天、雪天、阴天……这都是紫外线侵蚀你年轻肌肤的杀手天气。如若做足防晒功课，你肯定会比不防晒的她们显得阳光、白皙、年轻。

试试上面所说的防晒办法，一定会变白皙年轻，我说的没错！

我的毁容日记和战痘岁月

作为一个美肤专家，外在形象是我给所有观众和顾客最直接的印象。除了得体时尚的着装，姣好无瑕的面部肌肤也是做这一行最基本的要求。最害怕的事情，莫过于肌肤的突发状况——过敏长痘、搔痒红疹。所以我每天睡觉前都会做足一个小时的保养。但天有不测风云，即便身为美肤专家，千防万防，也有不小心失足的时候。因为工作的忙碌，我经常需要全国各地飞行，甚至一天穿越 3 个城市。体力的消耗稍事休息就能恢复，但你知道 3 个城市 3 个气温 3 个湿度 3 个紫外线指数 3 种污染指数，会让皮肤处在一个多么复杂难以调节适应的环境中吗？我曾在一个月内 50 多次飞行，节目录制和带妆严重超时，皮肤严厉拉响警钟，肌肤大爆痘，只能让我停掉一切工作。也许你和我经历过一样的痛苦吧？最难受的时候，我恨不得砸掉世界上所有的镜子，也想让所有大惊小怪的人闭嘴。心态是我那时最难面对的敌人，越挫越多越想挫。我现在说起来都可以讲出一段眼泪史。

为了战胜痘痘，我首先停止了一切刺激性的饮食摄入：辣椒！胡椒！海鲜！甜食！烧烤！咖啡！可乐！同时减少了化妆次数和带妆时间。这是最关键的第一步。经过连续的中医调理，外加可亲可敬的美容师的清痘工作，终于功夫不负苦心人，痘痘得到了缓解。虽然痘痘给我带来了一些心理创伤，但是有了这些战痘经验之后，我更能够给正在承受这些痛苦的兄弟姐妹们提供一个有效的解决方法。

战痘英雄，你也可以

特别提醒：只要出现痘痘，就一定要进行治疗。痘痘就是肌肤疾病，同时也是身体反射出的病理表现。

青春痘，又称痤疮，基本上 80% 的人都曾经长过，它其实是一种常见于毛囊皮脂腺的慢性炎症。这些毫无预警的痘痘经常会给我们带来很多困扰，给很多人的心理上和生理上造成非常大的阴影，甚至会影响到性格成长。这其中的酸甜苦辣，相信只有真正受到青春痘困扰的人才能深有感触。

青春痘（痤疮）其实是一种非常普通的皮肤病，并不是什么不治之症。为什么有些人久久不能治愈，甚至反反复复地发作呢？这是因为他们并没有接受过针对这种疾病的正规治疗，或是抱有对医生并不信任的心理。很多人会听信传闻中的祛痘秘诀，陷在各种美容护肤品的神奇宣传里，然后就步入了这个康复、复发循环往复的病痛之中。有些人甚至因为听信了所谓的祛痘秘方，在没有任何依据考察的时候就义无反顾地在自己脸上做实验，最后不仅不能拯救自己的皮肤，反而对皮肤造成了更加严重、甚至是毁灭性的伤害。

脸上的痤疮、粉刺总是反反复复，成为挥之不去的阴影，给爱美的朋友带来身体甚至是精神上的负担。那么痤疮可以彻底祛除吗？当然是可以的。

形成痤疮的原因又都有哪些呢？

1. 体内毒素堆积过多。日常的不良生活习惯和休息不善，都会对我们的身体器官造成压力。长此以往，体内毒素积累过量，会导致内分泌紊乱，表现在脸上就会开始长痘痘。

2. 女性的内分泌紊乱。主要表现就是很多女生在"好朋友"到来之前的 7—10 天，下巴会开始冒痘痘。如果平时也容易长痘痘的话，这段时间的状况则会更加突出。这就是因为女生在生理期间内分泌紊乱，造成油脂分泌过多，痘痘频繁"光临"。

3. 容易长痘痘的皮肤，角质层的抵抗力也比较弱。而这样的皮肤一旦接触到外在刺激，例如辛辣的食物、紫外线照射、空气中的脏污颗粒等，就会促使皮肤新陈代谢加快，从而使角质层变得肥厚，毛孔中的脏东西也就越来越找不到出口。如此恶性循环，正是皮肤反复长痘痘的主要原因。

4. 日常生活中的不良生活习惯，也是造成痘痘常年"光顾"的另一大原因。痘痘多发于油性皮肤。如果平时不注意清洁皮肤，或是饮食不当、经常食用辛辣刺激的食物，或是作息不规律、经常熬夜等等，都会造成皮肤代谢压力过大，频繁地冒痘痘。

通过以上内容，我们了解到：祛除痤疮的关键还是毛孔排污，毛孔里面的污垢排除干净了，由毛孔堵塞引起的痤疮、粉刺、黑头等肌肤问题也就随之消失了。

那么现在的关键问题是：如何进行毛孔排污。

在这里伊然给大家介绍一些个人整理的小方法，希望能给我的战痘同伴们一点帮助。

1. 正确洁面。选择对皮肤刺激性很小的洗面奶，并在低于体温的温水中洗脸，每天清洗 2~3 次，洗完脸后擦上柔肤水，给皮肤保湿，同时收缩毛孔。

2. 使用清理皮肤和去死皮的产品，包括面膜、面霜。这些可以去除死皮细胞，同时刺激细胞再生。除保持脸部洁净外，你应尽量克制用手挤痘痘的习惯。

3. 正确卸妆。一定要用可靠的卸妆产品。千万不要没洗脸就入睡。不要用可能会加重毛孔堵塞的化妆品或护肤品。比如，油性皮肤再打上厚重的

面霜可能导致毛孔中的尘垢积累。所以了解自己的皮肤类型非常重要。如果你经常做运动，要养成每次运动后都洗脸的习惯。良好的护肤习惯有助于保持毛孔清洁，使皮肤不易长黑头或粉刺。

很多青春期的朋友都会有战痘的经验，但是痘痘这个小顽疾，往往是越被战越勇，少数严重的红疙瘩可能出现更大的软囊肿、脓肿，破溃愈合后留下比较明显的疤痕，使颜面皮肤凹凸不平，颜色深浅不一，十分难看。另外由于雄性激素水平不同，有些男孩子长痘痘甚至比女孩子还要严重，如果治疗不及时或治疗不正确，就会留下非常难以祛除、同时也非常影响美观的痘坑和疤痕。

有许多年轻的朋友长了青春痘之后，由于重视不足，后期病情严重恶化，形成毁容性疤痕脸，造成心理压力过大，羞于见人，性格变得孤僻，非常自卑，严重的话会引发青春期忧郁症，严重影响正常的工作、学习、生活。由此可见，得了青春痘不但要治，而且要抓紧时间正确治疗，否则后果不堪设想。

痤疮的临床表现与误区

痤疮主要发生于面部，有的时候也长在胸背上部和肩部，因人而异。但是记住，眼睛周围无论怎样都是不会长痘痘的地方。最开始长痘的时候，大家差不多都会感到有黑头、粉刺或者油性皮脂溢出，有的时候经常会有结节、脓疱、脓肿、坑或瘢痕，各种损害的大小和深浅都不一样。当然这和大家处理痘痘的方式有很大的关系。我们年轻的时候蹦蹦跳跳，不在意青春痘，总认为那是青春的证明，大多数人也是随着青春期的过渡，痘痘基本可以自然痊愈，但是有些人就没有那么幸运。他／她也许会经历非常漫长和坎坷的战痘过程，这个时间也许会是一辈子。

临床上根据痤疮的主要表现可分为以下几种类型：

1. 点状痤疮，也就是常见的黑头粉刺。这是一种塞在毛囊皮脂腺口的半固体，显露在脸上的就是那些黑的小点点。如果用力挤压的话，会将头部黑色而里面黄白色透明的脂栓挤出。

2. 丘疹性痤疮，其实就是痘痘刚长出来时的小红包。有的色泽红润，有的呈暗红色。伴着痘痘的生长，还会有疼痛感。在痘痘的中间可能还有一个黑头粉刺，或是还没有变成黑色的皮脂栓。

3. 脓疱性痤疮，是比较严重型的痘痘。脓包在脸上会有疼痛感，破裂之后的脓水比较粘稠，愈合之后也会在脸上留下疤痕。

4. 结节性痤疮。当皮肤发炎的部位比较深时，脓包性痤疮会慢慢地发展成大小不一，红色或者紫红色的结节。这种痤疮会长期存在于面部，或者被渐渐吸收，但有时也会溃烂后形成疤痕。

5. 萎缩性座疮。溃破的痘痘、或是被皮肤自然吸收的痘痘，都是萎缩性座疮的主要成因。

6. 囊肿性座疮。痘痘在脸上形成皮脂腺囊肿，容易化脓感染。痘痘破裂后随着脓血流出，也会带出粘稠的脓液。

7. 聚合性座疮，是损害最为严重的一种痘痘，经常在皮肤上呈现多种形态。我们偶尔可以看到，有些人的脸上痘痘叠痘痘，有红肿，有溃烂，症状非常严重。

8. 恶病性座疮，多发于身体虚弱的病人。外在表现为小米粒至蚕豆大小的红色脓包或结节。这种痘痘容易长久不愈。虽然不会感觉疼痛，但是会在脸上留下疤痕。

误区一：青春痘是青春的象征，不需要治疗

经常听见别人说："没事，等过了青春期就不会再长痘痘了。"我们信以为真，就会非常手痒地挤痘痘，把里面的所谓"毒素"挤压出来。

但事实上，青春痘并不是成长的必备"良品"。它的形成与内分泌情况有很大关系。如果想要在青春期不长痘痘，就必须养成一个良好的饮食习惯，保持心情乐观。可能大多数人都没有办法做到这一点，但是如果放任青春痘的发展，或是通过药物来调理，结果将会是治标不治本。

误区二：结婚后就不会长痘痘了

结婚和不长痘痘有直接的关系吗？其实痘痘的形成除了受内分泌的影响，还会受到激素水平的影响。随着年龄的增长，内分泌和激素水平发展均衡，有些人的状况会在结婚之后得以缓解或痊愈，所以造成了"结婚就不长痘痘"的错觉。但事实上，我们却经常看到很多三十多岁的人依然受到痘痘的困扰。

误区三：痘痘治好了之后就不会再复发

痘痘的成因有很多。当脸部出现痘痘，甚至更严重的脓包、发炎、红肿等症状时，经过医生治疗和药物作用，痘痘的情况会有所缓解。我们一时喜不自持，放松了警惕，如若不注意生活习惯和饮食习惯，还会导致青春痘的再次复发。其实大多常年与痘痘作斗争的人都会了解，从根本上治疗痘痘还是要注重内分泌调节，平衡身体激素，配合饮食习惯和生活作息的调整，千万不能稍微见效就沾沾自喜、放弃治疗。

误区四：听信美容院，乱涂外用化妆品

一些美容院在利益的驱使下，常常混淆青春痘（痤疮）的医学治疗概念。青春痘（痤疮）是一种慢性炎症类皮肤疾病，不是通过哪种化妆品、洗面奶、肥皂便可治愈的。"病于内而形于外"，中西医一致认为青春痘（痤疮）受内分泌、激素水平等因素引起，抓住内在调理才是关键。相反很多年龄

在 25 岁以上的女性痤疮增多，与过多使用或频繁更换各类化妆品不无关联，化妆品中的化学成分会加重皮肤炎症和致敏机率。

误区五：除螨可以治疗青春痘

相信很多人在长痘痘的时候都曾被一个概念影响过——青春痘其实是由螨虫引起的，只要除掉螨虫就可以成功根治青春痘。所以市面上开始大量出现各种除螨香皂、洗面奶等产品。但事实真的是这样吗？其实螨虫每个人身上都有，当螨虫的浓度达到一定的程度时，就会长痘痘，但是除掉螨虫之后却并不一定就不长，这两者的关系一定要认清。

误区六：做好皮肤清洁，就能解决痘痘的问题

皮肤的清洁很重要，这是预防痘痘滋生的基础措施，并且能够在一定程度上帮助祛除痘痘。但是主要原因仍然在于身体的内分泌紊乱、激素分泌失衡以及毛孔堵塞造成的皮脂腺异常。因此长痘痘是综合因素形成的，并不能单独靠清洁皮肤就能彻底预防和治愈。

大家在选择洗面奶等护肤品的时候，需要注意：

1. 不要选择清洁效果太大的洗面奶。过度清洁容易导致毛孔粗大，致使皮肤分泌更多的油脂。

2. 尽量避免使用含有酒精等其他刺激性成分的护肤品。

3. 洗脸的时候尽量使用温水，在水里加点盐可以增加清洁效果，还会起到祛痘的功效。

误区七：经常长痘痘，说明体内的毒素过多

痘痘产生的原因的确与长期便秘、体内毒素堆积有关。因此在痘痘治疗的过程中，医生也会给开一些帮助身体排毒的药方，但是现在很多人常常因作息不规律，造成内脏功能紊乱，这时候如果使用大黄、番泻叶等中药，并不能真正地起到治疗痘痘的作用，甚至痘痘没有完全祛除，胃肠功能反而会受到药物的影响。

误区八：过度依赖中医或者民间偏方

因长期长痘痘，医治不得其法，更多的人选择相信中医调理或口口相传的一些民间药方。但事实上，很多人在喝了很多中药之后，依旧是面色蜡黄，痘痘此消彼长地在脸上出现。这主要是因为中药使用不得其法，没有对症下药，真正的中医调理还是要经过医生的专业诊治。而且色素沉淀、痘坑、痘疤等后遗症，这些都是中医调理所无法解决的。

总之，战胜痘痘并没有什么良方利器。希望皮肤健康，需要我们平日对生活多加注意，养成健康的饮食和日常作息习惯，进行正确的皮肤清洁和护理，加上专业的中医调理和西医帮助，根据自身情况找到最合适的方法，这才是治疗痘痘的不二法宝。

通过饮食调理进行战痘

依然需要提醒大家的是，饮食调理对战痘可以起到一定的帮助作用，但不能把它当成治疗痘痘的药方。还是要注意综合治疗。

1. 绿豆薏苡仁汤

夏天到了，给自己煮点健康茶饮，既能帮助祛痘，又能清凉一夏。

取绿豆、薏苡仁 25 克，山楂 10 克，洗净后加 500 克清水，泡 30 分钟后煮开，3—5 分钟后关火，焖 15 分钟后即可饮用。可以当茶喝，或者放进冰箱作为解暑茶饮。适用于油性皮肤。

2. 蔬菜水果绿豆汁

绿豆是夏季解暑必备的良品，搭配一些蔬菜水果，不仅健康，还可以帮助战痘。

先将绿豆放入锅内煮 30 分钟。绿豆煮烂之后，把绿豆汁过滤出来备用。再将小白菜、芹菜、苦瓜、柿子椒、苹果分别洗净切段或切块，榨成汁，加入晾凉的绿豆汁，再滴几滴柠檬汁，每天喝一到两次，不但能清热解暑，还有杀菌、清洁肠道的作用。如果喜欢吃甜的，还可以加点蜂蜜调味。

3. 海带绿豆汤

绿豆还可以搭配一些其他食材，作为夏季的健康饮品。

把玫瑰花和海带、绿豆、甜杏仁一同煮，煮烂之后加上一点红糖，每天喝一碗，可以清凉祛痘。

4. 薏苡仁海带粥

用薏苡仁、枸杞子、桃仁各 15 克，海带、甜杏仁各 10 克，绿豆 20 克搭配粳米一同煮粥。每天喝两碗，能够起到清热解毒、消化祛暑、美容润肤的作用。

5. 枸杞消炎粥

把白鸽肉洗净，剁成肉泥，洗净枸杞子和粳米，放入砂锅中，加入鸽肉泥及适量的水，文火煨粥，煮熟之后加入盐、味精、香油来调味，能够帮助排毒和滋润肌肤。

6. 海藻薏苡仁粥

海藻、昆布、甜杏仁各 9 克，薏苡仁 30 克。

将海藻、昆布、甜杏仁加少量水一起煮，煮熟后把渣滓去掉，取汤汁和薏苡仁一起煮粥喝，能够活血化瘀，帮助淡化痘印。

7、、白梨芹菜汁

白梨 150 克，芹菜 100 克，西红柿 1 个，柠檬半个。洗净后一起榨汁喝。这是一道非常健康的饮品，可以消热祛暑，对身体非常有好处。

饮食禁忌有哪些？

1. 少吃辛辣食物：辣椒、葱蒜等辛辣食物是一定要少吃的，虽然很多美味都是辛辣，但是也要控制自己，否则战痘历程将会越来越困难。

2. 少吃油腻食物：油炸食品是一定不能吃的，烤串也是战痘路上必须要抵抗的食物，很多美食非常具有诱惑性，但是吃了之后"后果不堪设想"。战痘路上很辛苦，且行且珍惜。

3. 不能吃腥发之物：很多海鲜类的食品如海虾、海蟹、带鱼等都是腥发之物，长期食用，容易使皮脂腺的炎症扩大，造成痘痘复发，难以祛除。

4. 少吃补品：很多补药都属于热性，补充人体气血，容易造成内热，导致痘痘频发。

5. 少吃高热量高糖分的食物：蛋糕、巧克力等高热量食物，以及冰激凌、冰饮等生冷食物，都会对新陈代谢造成刺激，影响皮脂腺分泌，从而诱发痘痘的生长。

吃什么有益于祛痘？

1. 多吃富含维生素 A 的食物：天然的维生素 A 只存在于动物性食品中，

如动物肝脏、蛋类、奶油和鱼肝油等。蔬菜中富含的胡萝卜素进入人体，可在肝中转变为维生素 A。富含维生素 A 的饮食主要有鲫鱼、鱿鱼、鳝鱼、金针菜、韭菜、胡萝卜、菠菜、牛奶等。

2. 多吃富含维生素 B_2 的食物：一般食物中的维生素含量 B_2 并不太高，但是在动物肝脏中却很丰富。含有维生素 B_2 的食物包括：豆腐、酸制酵母、羊肝、黄豆芽、大枣、西红柿、玉米、茄子、黄瓜、大白菜、马铃薯、橘子、精米、苹果、梨等。

3. 多吃富含维生素 B_6 的食物：维生素 B_6 可以对痘痘肌起到很好的改善作用。维生素 B_6 含量最高的食物是白色肉类（如鸡肉和鱼肉）；其次为动物肝脏、豆类、蛋黄、水果和蔬菜，例如胡萝卜、菠菜、香菇等。

4. 多吃含锌丰富的食物：含锌丰富的食物有瘦肉、奶类、蛋类等。

5. 多吃清凉排毒的食物：清热解毒的食物有蘑菇、银耳、黑木耳、芹菜、苦瓜、黄瓜、冬瓜、茭白、绿豆芽、黄豆、豆腐、莲藕等。

『对女人而言，美丽所带来的最重要的礼物并不是美丽本身，而是自信与勇气。』

——雅顿夫人（伊丽莎白·雅顿品牌创始人）

我除了每天把自己泡在实验室里，研究各种化妆品的成分外，其余的时间几乎都在全国各地飞来飞去，主要帮大家讲解一些生活中经常遇到的肌肤困扰，传播切实有效的美容知识。

在讲课过程中，我经常会遇到各种各样带有肌肤困扰的女性朋友，希望我能够帮助她们一下子改变现状，也可以说希望我能够给她们一个奇迹。看到她们对于美的渴望和向往，我根本无法开口说："对不起，我不能帮到你。"

所以，我选择倾听，听她们讲述生活上、工作上因为肌肤问题所带来的各种困扰，然后根据她们的个人身体状况，找到最适合的调理肌肤的方法。我也会把自己跌跌撞撞、摸爬滚打的故事讲给她们听，把她们当成朋友一样，通过我的故事使她们看到自己的影子，找回生活中的自信。只有这样身心内外兼修，才能塑造一个强大的自己，击败生活中各种问题，有信心、有力量彻底地解决自己所遇到的肌肤问题。

只有自己做到内心强大，才能够有机会、有能力去强化自己的外在。从里到外，彻底地解决肌肤困扰，向自信、向美丽迈进！

·真正的美丽，来自灵魂·

第二章

A

有种美，像僵化的标本

美不是呆板的复制，而是灵魂的自由发挥和展现

每个人对美的追求不同，我在讲课过程中也会经常遇到各种各样的问题。有些女性朋友在聊天的过程中，会希望我教给她们一个美容秘诀，只要按照这个方法施行下去，就能够行之有效地达到美容目的。然而，照本宣科的美容常识和样板式的美丽，并不是我想要给大家传授的。我希望大家在沟通交流的过程中，能体会到美的真正内涵，而不是看别人用了什么样的化妆品，你也必须去使用。每个人的肤质状况不一样，需要根据自己的肤质、饮食和生活作息情况，去制定一个针对个体的改善肌肤的方法。

在还不懂得什么是营养成分之前，我采用的最直接的学习方式就是：不论什么东西都往脸上抹。不管它含有什么样的成分，适合不适合自己，只要是能往脸上抹的东西，我都拿来尝试。这样简单粗暴的美容方式，让我在一段时间内对各大美容产品的功用了然于心，但同时也真的毁了自己的皮肤。所以我经常会给大家讲述自己的例子。既然我已经从这个错误的方法中走出来了，那么就希望大家不要再走弯路了，一定要学会了解自己的肤质，找到适合自己的产品。

每天在实验室打滚的好处，就是我更加熟悉每种化妆品的化学成分。我知道什么成分适合改善皮肤，了解哪款化妆品中含有的成分可以帮助滋养皮肤以及每款化妆品中的成分会对皮肤起到什么样的帮助。我会在第一时间用专业仪器对这些做出清晰准确的判断。所以现在好多朋友会拿一些新出的产品来让我帮助测试，比如现在新出的"俏十岁""童颜神器"啊，我会在三四天的时间内告诉他们，这些产品里面到底有什么秘密，它们是不是像传说中的那么神奇，它们到底适不适合你使用。

很多人都听说过风靡世界的"童颜神器"吧？很多明星也都用过这款产品。这款产品到底为什么这么神奇，它的功用真的有那么好吗？我再次把自己当成了科学小白鼠，本着研究的态度，我开始使用这款产品。第一次使用后，我确实感受到了它的神奇之处，因为使用了这个产品之后，皮肤马上变得特别白，甚至就像是刚从面缸里出来的一样，煞白煞白的，脸上什么都没有了。你可能会突然觉得，这个感觉太棒了，从来没有什么产品能够在这么短的时间内达到这么好的效果，你会觉得它就是奇迹，对吗？

但是，我来告诉你事实是什么样子的。从使用这款产品的第三天开始，当有风吹在你脸上的时候，你会有沙子在脸上刮的感觉，那种火热和刺激的感觉非常明显，之后我就马上停用了。后来我把这个产品拿到实验室中去测试。最开始我一直怀疑它的成分里面有尸油，因为尸油里面提炼出来

的成分确实有助于帮助改善皮肤。结果我发现里面含有大量的重金属物质，测试铅汞含量的机器都已经啸叫了！一般化妆品铅汞含量超标最强的可达10倍，它已经达到了100多倍以上。可想而知，它用了多少化学原料，用了多重的化学成分做成了这个所谓的"童颜神器"。我第一时间在朋友圈里发了这个消息，用探测仪器和自己的亲身体验告诉大家——这个东西不能用了！很多身边的姐妹都因为这个把皮肤弄坏了，因为它抓住了大家爱美的心理，那种为了美，为了真的在自己身上看到奇迹，就什么都豁得出去的心态。

当我们在不断寻找适合自己的美丽方法时，千万不要盲从，一定要抱着怀疑的态度去探究和考证，这样才能找到最适合自己的美容技巧。化妆品不是贵的才是最好的，适合自己才最重要。

保养品好不好，成分很重要

市面上很多大品牌的化妆品、保养品都在标榜各自的神奇功效，价格自然也贵得要死，但其中所含成分的原料价格也许才不足人民币十元。它只要含有关键的几个化学成分就足可以达到保湿、抗皱或者它想要达到的功用，而高昂的价格多来自于品牌的包装、宣传、品牌价值等。

给大家介绍几种比较重要的化妆品成分，大家在购买化妆品时可以注意观察一下原料配比中所含的成分。这对于大家选择适合自己使用的化妆品非常有帮助。

第一，补水

只要透明质酸和玻尿酸的成分到达一定含量，就能起到一定程度的补水效果。EGF（表皮细胞生长因子）曾经获得过诺贝尔奖，它可以修复烧伤之后留下的疤痕。有的化妆品号称采用了EGF水的修复因子，那么就要看EGF水的用量。只要有资质的化妆品，它的成分一定是打出来的。EGF水如果连前五位都没有排到，那就说明它的功效性很差；如果只是排在末尾，说明它的成分就是少之又少的。同样的方法，如果想要选择其他功用的化妆品，就要看起到这个功用的化学因子的含量排位是在前，还是在后了。

第二，看成分表，不要看宣传文字

目前来说，所有市面上的合格化妆品都必须按照规定标明主要成分，而在标明全部成分的同时，也可以适当对成分进行一些宣传。伊然提醒你，此时应主要看成分，不要看宣传。

第三，化妆品未必"一分钱一分货"

化妆品的价格与成分之间的关系非常大，但也并非只由成分来决定。例如那些有实力的大品牌，他们在质量控制、售后服务和生产管理体系上可能会胜出一筹，而且可能付出了更多的推广费用，这些都会增加化妆品的成本。而且大品牌的品牌效应会使得消费者对它们更信赖，这些都不能用简单的"好坏"来衡量。所以大家购买化妆品，买的不仅是各种成分，还有自己对美丽的心理预期。不要过于纠结于成分与价格间的关系，选择自己熟悉信赖的品牌继续使用即可。

另外标明全部成分，也可以让大家在选择化妆品的同时，尽量按照适合自己的成分来选择，同时也可以避免使用会让自己过敏的成分。少数品牌可能含有一些自己独特的专利成分，这些专利成分在保护期内可能不在我国的成分库内、无法翻译过来，而且出于保护商业机密，它们是可以以某种代码的形式标注的，这也是少数化妆品的成分会夹杂少量奇怪的英文和代码的原因。

第四，弄懂主流成分就可以了

并不是每个人都是那么专业、细心或是善于研究化学成分，大多数人选择化妆品的方式还是看功效或者看口碑，而具体适不适合自己，恐怕也只有试了才知道。

有时，一件化妆品的完整成分可能多达数十种，但大家只需要弄懂一些主要的就可以了。例如面霜中最常用的保湿剂，低价产品可能会选择甘油、白油，高价产品可能就会选择神经酰胺、透明质酸，这两类保湿剂的成本有非常大的区别，效果也有很大的区别。

第五，微量成分或起大功效

一般来说，含量在1%以上的成分在成分表中按照加入量降序排列，但这并不代表含量在1%以下的成分就不需要标注，而且化妆品的功效有时往往由一些排列在最后的成分所实现。

很多化妆品所宣传的某种特殊成分可能添加的量非常少，甚至只有千分之几，但正是这种成分起到了该化妆品所宣传的独特功效。很多人在选择化妆品的时候，如果仔细看就会发现，两种价格差异很大的面霜在主要成分上都大同小异，由此产生"同质不同价"的怀疑，但其实高价的产品也许添加了一些独有的、高成本的成分，使得价格和功效都提高了。反之，大家也可以通过成分表大体判断高价化妆品是否"虚有其表"。

常见成分大解析

基质成分：通常是成分列表中排在最前面的成分，含量最多，如水、甘油等。

皮肤护理成分：

1. 维生素

维生素 A：抗衰老。

维生素 B_2：强化表皮保湿屏障，调节皮脂分泌，提亮肤色。

维生素原 B_5：温和保湿、增加皮肤的含水能力。

维生素 C：抗氧化及美白肌肤。

维生素 E：抗衰老、抗氧化。

2. 水杨酸：主要起到去除角质等作用，在规定浓度下对人体是安全的。

3. 神经酰胺：很好的保湿剂，能维护皮肤锁水防御屏障和抗老化。

4. 超氧化物歧化酶：能够清除人体多余自由基的抗氧化醇，有效缓解因外界环境不利因素（日晒、辐射、废气等）带来的肌肤问题。

误区重重,怎样选择才正确?

因为长期作息不良,我长过很多痘痘,也尝试了许多祛痘产品:国产片仔癀的消炎祛痘很不错,军献益肤霜的祛痘效果也非常好,但是大多数产品使用到最后都会产生抗药性,或是因为里面含有激素,虽然短期内能够抑制皮肤的痘痘生长,但长期使用皮肤就会产生依赖感,一旦停用,立即复发。芦荟胶、茶树精油也都具有很好的消炎修复作用。老中医、校园痘立净、泽平、迪豆这些功效性的护肤品用完之后都会有祛痘的作用。但是有些产品使用完了之后,皮肤上却会有很多黑头。

其实不是任何东西都可以用的。我曾经就把自己当过小白鼠,好在得到了经验,找到了正确保养肌肤的方法。所以大家千万不要再犯我曾经的错误。一旦把皮肤用伤之后,你的肌底就彻底地改不过来了。

我曾和所有的年轻人一样,对护肤品一味追求高档次、大牌子。在刚开始工作的时候,虽然没什么收入,但为了买一个兰蔻小黑瓶这样的肌底液,宁可不吃饭(买了之后确实也没饭吃)。朋友就调侃我说,你可以吃这些护肤品啊!少年时期懵懂无知,也没有人告诉我到底该怎么选择,所以只能自己一点点地摸索。

我的桌子上经常堆着许许多多的保养品、护肤品,弄得别人觉得我特别像暴发户。之所以这样做,是因为我很明确自己的目标和梦想就是要做美容师，必须要花大量的时间去研究这些护肤品的成分。只有在亲身使用之后，才能告诉大家它的功效到底在哪里。刚开始上学的时候，根本没有办法赚钱，大部分的化妆品都从网上买来。使用之后，我就慢慢地研究它们的补水成分是什么，美白成分是什么，我学到了之后再把经验分享给大家。

Lamer（海蓝之谜）的底霜啊，面膜啊，这是现在很多白领感觉遥不可及的东西。当年我自己用完了之后，推荐给了身边的人使用。它确实有极致修复的作用，但它的主要功效还是针对 30—40 岁的女性，年轻女性使用反而有一种反作用的感觉，皮肤不易吸收。

网传瑞士一款补水的面膜非常好用的，它的成分我也拿去做了测试，事实上它就是用了非常便宜的成分——甘油。另外它打了擦边球，用了人体禁用的维生素 A。维生素 A 长期使用，容易造成不孕不育。同时它使用了激素，也含有很多国家违禁的成分。

所以，在当下美容护肤产品丛生，每种都标榜自己的神奇功效的情况下，广大的女性朋友和爱美人士一定要慎重，选用适合自己的产品。

20 个超级美容误区

现在社会网络发达，人们的信息来源也非常广泛。我们每天都从各个渠道接收着不同的信息。美容也是一样。但是各种各样的消息充斥在我们身边，混杂着许多"假冒伪劣"，造成了我们日常美容的认识误区。

1. 大牌护肤品只适合年龄大的人群

有些人会信赖大品牌的化妆品，也有些人觉得这些价值昂贵的化妆品更适合年龄大的人使用。其实这些都是大家认识上的一个误区，重要的是找对适合自己的化妆品。好的护肤品会对肌肤的保养加分。某些化妆品牌售价较高，并不意味着它适合年龄大的人群使用，只是具有消费能力的大多是有些年龄的人群罢了。

2. 总是羡慕别人的皮肤吹弹可破

我们总是会羡慕别人的皮肤怎么那么好，吃过火锅从不长痘痘？即使从来不用昂贵的化妆品，皮肤却是一样地吹弹可破？事实上，我们的皮肤状况 70% 来自于家族的遗传，剩下的 30% 全部依赖于个人的皮肤护理和生活习惯。因此不要总是羡慕别人，要找到适合自己的方法，才能让自己变得更加美丽。

3. 保养品习惯放在冰箱里保存

在炎热的夏天，很多护肤专家建议大家把面膜放到冰箱里，这样使用效果会更好。但是我们会发现，当各种各样的美容护肤品放进冰箱之后，有些会出现油水分离的状况，这是为什么呢？其实很多化妆品是不适宜放在冰箱里保存的。例如，有些含油脂的化妆品容易产生油水分离的情况，而有些含有活性成分的产品则会失去活性，影响使用功效。因此在把护肤品放在冰箱之前，最好查一下它的成分是否适合冷藏。

4. 油性皮肤不适合使用含油比较多的化妆品

如今很多护肤品为了适应不同人群的需要，将产品分为适用于干性皮肤、中性皮肤和油性皮肤三类，不同肤质的人只要选择适合自己的类型就可以了。容易长痘痘的皮肤水油不平衡，因此大家常会选择使用控油产品，认为只要控制油脂增长、不断补水，就能让皮肤保持比较好的状态。其实皮肤是需要"水"和"脂"平衡的。一旦缺少油脂，皮肤就会产生干纹、缺少光泽。因此大家在补水的同时，可适当选择一些补充油脂的化妆品，只要不过于油腻就可以了。

5. 洗面奶是基础护肤，重要的是保养类的面霜产品

大家经常认为，具有功能性的精华和面霜对皮肤而言比较重要，洗面奶随便选一下就好，反正只是起到一个清洁作用。但是这可能会非常伤害

皮肤。有些质量不好的洁肤产品会破坏肌肤的水油平衡及 PH 值，所造成的伤害是再好的面霜、精华都无法补偿的。因此我们一定要选择正确的洁面产品。

6. 眼霜涂得越厚越好

眼霜已经成为抵抗眼周皱纹的一大利器。由于眼霜所含的滋润型成分较多，每次洁肤后取用适量的眼霜，可以帮助保护眼周的肌肤。但是很多人觉得眼霜涂得越多，越能够帮助我们改善皮肤状况。事实上因为眼周肌肤比较脆弱，如果过量使用，则会造成眼周的皮肤压力过大，无法吸收眼霜的营养成分，堵塞毛孔形成脂肪粒，更甚者会让眼睛周围的小皱纹更加明显。

7. 哪个手指方便就用哪个手指涂抹眼霜

眼睛周围的皮肤层很薄，不含脂肪，因此比其他部位的肌肤都要脆弱。大多数人在涂抹眼霜的时候，都是习惯性地用食指或者中指，因为这两个手指使用起来比较方便。但是食指和中指是我们日常生活中经常使用到的两根手指，相对于不经常使用的无名指来说，这两根手指的力度要大很多，容易给眼睛周围的皮肤造成负担。如果拉伸力度过大的话，会加深眼周皱纹的滋长。正确使用眼霜的方法，应该是用无名指将眼霜按在眼角和眼尾，由内至外轻轻地涂抹吸收。

8. 涂了眼霜就不需要再涂防晒的了

众所周知，眼睛周围的皮肤是最脆弱的。很多人都非常注重眼部肌肤的保养，用各种各样的眼霜进行保护。但是大家知道眼周的肌肤也需要防晒吗？这里指的防晒，并不是把日常用的防晒产品像涂眼霜一样地涂在眼睛周围。这些防晒产品中含有 SPF，眼周的皮肤无法吸收，容易造成负担甚至过敏现象。正确的方法是选择一款适宜眼部使用的防晒眼霜，或是可用于眼部的遮瑕膏来充当防晒品，当然最直接的方法就是带上太阳镜，这样就可以更好地防晒了。

9. 经常洗脸可以避免皮肤出油

对于油性皮肤或是混合型肤质的爱美女生来说，夏季的最大困扰就是天气炎热，皮肤容易分泌油脂。往往是刚出门，皮肤就开始冒油了。因此很多人采用的方法是出油就去洗脸，或者直接用吸油纸把油脂吸掉。但是过于频繁的洗脸和吸油，对于皮肤来说都是非常具有刺激性的，更容易使皮脂腺分泌旺盛，破坏原有的 PH 值。为了平衡脸上的油脂，最好选择一款适合自己的日常护理产品，而不是单单选择控油功能的产品。

伊然这里可以告诉大家一个小建议，泡脚有益于油性皮肤的改善哦！

10. 经常去美容院挤痘痘

经常长痘痘的女性朋友一定都有挤痘痘的经历，却不知道这样做对皮肤的伤害非常大。虽然有些人有自我意识，克制自己不去碰它，而是去专业的美容院将痘痘挤出来。但无论采取怎样的方式，挤痘痘都会伤及正常细胞，从而给皮肤带来伤害。除此之外，我们也要尽量避免用手摸脸的动作，因为手上的细菌比较多，会加重痘痘的滋生。

11. 将药用型产品当成护肤品使用

市场上有很多针对痘痘的药用型护肤品，但是这类护肤品不能连续使用。在某种程度上，这些药用性的产品能够帮助抑制痘痘的产生，但长期使用不仅会容易产生抗药性，也会对皮肤造成一定伤害。而且多数产品功能单一，在补水、抗皱等护理方面的功能比较欠缺。因此在使用祛痘产品起到一定的效果之后，应该停止使用一段时间，改用其他类型的护肤产品。

12. 祛痘产品可以治疗严重的痤疮、粉刺

功能性再好的祛痘产品都不能取代药物，痤疮、粉刺的滋生本身就是一种皮肤病的反应。有些痘痘则属于阶段性的，过一段时间后就会消失，我们可以通过祛痘产品或者皮肤护理来解决。但是比较严重的粉刺、痤疮，通常是身体内部的毒素无法排出，或者身体其他功能出现问题所导致的，护肤品在一定程度上能够缓解痘痘的生长，但是无法根治。严重的粉刺、痤疮更是会影响我们的正常生活。这种情况下一定需要就医，在医生的指导下解决皮肤问题。

13. 很少使用排毒产品

随着年龄增长，以及饮食习惯、生活作息和外部环境的影响，皮肤的新陈代谢功能会越来越慢，因此皮肤的排毒和净化就会显得尤为重要。如果皮肤毒素无法排出，即使对其进行再多的滋补，营养也无法被吸收。

如果体内存在毒素，身体往往会呈现酸性。进行身体排毒就要从基本的饮食习惯和生活作息开始，同时配合使用一些有深层排毒功能的精油或精华液。这些护肤产品不仅能够帮助皮肤有效地排毒，还能带来养分和能量，使肌肤呈现健康的状态。

14. 任何美白产品都想试一下

每个人的肤色除了受遗传因素影响之外，还与紫外线照射具有非常大的关系，所以想要美白就必须要做好防晒。俗话说一白遮三丑，爱美的女士谁不想要一张白嫩的脸呢？除了选用美白产品之外，防晒依然是美白重中之重的问题。实际上，这与美白产品的原理有很大的关系：美白产品主要通过减少皮肤中的麦拉宁色素，达到变白的效果；而麦拉宁色素主要用来进行皮肤的自我防护。那么长期使用美白产品，也就意味着皮肤的自我抵御能力的逐渐降低，再加上紫外线的强烈照射，不但美白成果付之东流，而且皮肤也会变得更黑，并且容易引起一些皮肤疾病。

15. 疯狂追求防晒指数，防晒指数越高，防晒功能越好

目前国内能够买到的防晒产品，最高系数应该在 50+ 左右。各大品牌都在宣传自身的防晒效果，甚至宣称可以无忧无虑地躺在沙滩上一整天。尽管如此，很多时候我们还是免不了被晒黑或者晒伤的情况，尤其是去海边度假回来，简直像是脱了一层皮。这主要是因为任何防晒产品在涂了两个小时之后，起到防晒作用的滤光器都会被皮肤吸收。所以只有每隔两个小时再涂一遍防晒品，才能真正有效地阻止紫外线的侵袭。

16. 我还不到使用抗皱产品的年纪

大家可能容易陷入一个误区，总是认为自己还年轻，不需要使用抗皱产品。其实不然，解决皮肤老化问题不仅需要抗皱，更要预防皱纹的产生，因此趁肌肤功能还没有衰退的时候，在使用一些基础保湿、滋润和水油平衡产品的基础上，也要适当地开始进行保养。例如眼霜，在年轻的时候就可以开始使用了。

17. 把面霜当颈霜

很多人都没有保护颈部皮肤的概念。我们会为了面部去购买各种各样的护肤品，但却很少有人使用颈霜、颈膜来保护颈部皮肤。俗话说，猜一个女人有多大年龄，看她的脖子就知道了。颈部的细纹最能反映出一个女人的年龄状况。所以颈部皮肤的护理工作非常重要。

也有很多人把日常使用的面霜当做颈霜使用，但实际上颈部皮肤非常薄，面部护理品远远不够滋润，无法达到护理颈部的目的。所以我们需要使用专门的颈霜，来养护颈部娇嫩的皮肤。

18. 使用面膜代替日常护肤产品

很多面膜、BB 霜和护理型粉底都标榜自己具有保湿护肤的功能，但是实际上它们并不能替代日常护理产品。

用面膜举例，它在皮肤护理中属于补充性产品，功效时间比较短。就像我们在口渴的时候，喝一口水之后能够解渴，但是过了一会儿可能又会口渴了。面膜也是一样，它的补水保湿功能可以持续 2—3 个小时，但在此之后功用就会消失了，需要每周做两至三次，长期坚持。而日常护肤品一般可以提供一天左右的功效，有些品质比较好的护肤产品，保湿效果则能持续更长的时间，更能够帮助皮肤锁住水分，这是面膜所无法达到的。

19. 冷热水交替洗脸，能够帮助皮肤紧致

当我为身边的女性朋友讲解护肤知识的时候，经常会提到这一点。正确的洗脸方式应该是使用温水，也可以加一些盐或醋来改善皮肤状况。但现在网络有一种流行说法，是建议大家用冷热水交替的方法来洗脸，据说这样可以帮助皮肤达到紧致的效果。而实际上冷热水交替洗脸，很容易导致皮肤表层的毛细血管扩张收缩不匀，造成了脸上红血丝增多。而温水则

不会刺激皮肤的毛孔，更能达到洁肤护肤的作用。

20. 长期使用自制面膜或护肤品

有段时间，网络上特别流行自制面膜，号称又便宜又实用。柠檬蜂蜜面膜、黄瓜面膜、鸡蛋蜂蜜面膜等等……各种自制面膜被大家争相尝试或推崇。从某些方面来说，它们的确能够起到护理肌肤的作用，但是并不是针对每个人都适用，必须要参考个人肤质情况来判断。例如，干性皮肤不适宜用蛋清做面膜。蛋清会让你的肤质越来越干；皮肤比较敏感或者痘痘肌不适宜用柠檬这类含有果酸的面膜，它会让你的肤质更加敏感脆弱。

皮肤是需要我们交心的好伙伴。你对它好，它会毫不犹豫地加以回馈；如果你肆意挥霍，那么它也会赤裸裸地进行反抗。所以，用心聆听来自肌肤的声音，才能找到最适合自己的护肤方法。

美，跟随时代而变化

与时俱进不是在追赶，而是怕落后

现今这个社会瞬息万变。也许某天你的一个不经意，就会错过这个世界翻天覆地的变化；也许某天一觉醒来，身边的人和事也都不再是你熟悉的样子。时代的年轮转得越快，我们追逐的脚步就需要越快，尤其在时尚领域里面，一朝一夕的落后都有可能永远被抛在这个圈子之外。

但追赶却不能盲从。身边有很多时尚圈的朋友，他们每天背着自己的大牌包包，穿着比自己一个月工资还要贵的衣服，出入于各大娱乐场所，喝酒谈天，标榜自己的时尚身份和地位。但是这样真的就时尚了吗？这样的生活真的就是他们想要的吗？

每个人对美的理解和定义可能都不尽相同。杨玉环虽然很胖，但在唐朝她就是一等一的美女，因为那个年代的人都以胖为美。现在流行小尖脸、大眼睛、双眼皮，于是明星也好，路人也好，大家进出各大美容院都恨不得把自己整成范冰冰的模样。如今满大街的人造美女，分不清谁是谁，这样真的好吗？

我常常跟客人和学生讲的一句话就是：美不美，在心。时代无论怎么

变化，审美标准无论怎么变化，只要你确确实实抓住了一样东西，那么你就永远不会过时。这个东西就是自信、勇敢和坚持。

我 13 岁考上了西安外国语大学附属西安外国语学校，需要独自一个人去上学。妈妈觉得我还小，要离开父母去那么远的地方，实在不放心。她整整哭了四个晚上，因为她舍不得最爱的儿子离开身边。爸爸觉得我一个人在外面肯定会学坏，认为我会和外面的孩子一起鬼混，会学会抽烟喝酒，会整天去网吧混，到时候就没救了。所以他也非常反对我一个人去上学。到了离家前的最后一晚，我整个人突然发高烧，一夜没睡，咬牙坚持着挺到了那一天。我记得非常清楚，那天是 2008 年 8 月 24 号。那个时候的我还是小孩子，知道离开父母会很孤单。没有父母在身边照顾我，我也担心自己不能独立生活。但我渴望改变，我想要走出生活的框框，去外面的世界看一看，所以必须坚持自己的选择。出发的那天，爸妈还是非常不放心。爸爸坚持要开车送我，妈妈坚持要陪我到西安，亲戚朋友聚集了一堆来送行，我非常害怕见到这样的场面，很怕自己离不开，但同时也在心里告诉自己：我一定可以的。

妈妈送我到寝室，安排好一切之后就离开了。我将面临要很长一段时间见不到母亲，心里特别难过，那种伤心和哭泣任何人都劝不了的。军训的时候没有电话，与世隔绝。我记得有个女孩有一张 IC 卡，我还记得她的名字赵玲义。在她打电话的时候，我问："可以借你的 IC 卡给家里人打个电话吗？"她很痛快地答应了。手指在拨打电话的时候，我的眼泪就已经不听使唤了，1399681……拨通电话那一刻，我就开始哭，哭了半个小时，

一句话都没有说。我想家，非常想念爸爸妈妈，但是我又不能回去。那个时候我就在想，虽然很想回到父母的身边，但是我一定要坚持下来，这条路是自己选择的，无论如何都不能放弃。

在半夜想家的时候，我经常躲在被窝里面哭，把心里对爸妈的想念都写在日记里面，一直坚持了四年，直到大学毕业。我还记得用的是一个黑色的电话本，第一页上贴着大头贴，是爸妈和家人的照片。每天我就只能看着照片想念爸妈。白天上课和同学们玩，晚上想家了就看看照片，写一些想和爸妈说的话，给自己鼓劲儿，但是从来也不会把写的这些东西真的给爸妈看。我想那些应该都是对自己内心的一个安慰吧，最重要的是在给自己一个坚持下来的动力。

那个时候的我经常对自己说："你必须坚持下去，因为你没有后路可以退，也没有可以退的理由。当初的选择是为什么，又是什么动力让你来了学校？你为什么放弃父母对你的关爱，选择这样一条难走的路？"难道真的就是少年的叛逆吗？我知道自己不是的。我的选择从一开始就非常明确，我也知道自己到底想要的是什么，想做的是什么。也许自己独立和成熟过早，但是我觉得那个时候的心态和现在的状况是相呼应的，我所有的一切都是怕自己被甩在后面，怕自己跟不上大家的脚步，因此我唯一能做的就是用力地追赶。

我非常感谢当年的自己能够勇敢地做出选择，也感谢后来的自己能够努力地坚持下来。虽然其中有各种倒不出的辛酸苦楚，但是好在我都坚持下来了。我所经历过的和现在正在经历的挫折和冲突，都是对人生的考验。而我的坚定和坚持，让现在的自己在美容这个行业里面积攒了很多经验，并得以栖身生存。

爱美的朋友们，希望你们在面对生活和工作的时候，也能够有一种坚持的追求和坚定的信念；希望你们在面对目标奋起直追的时候，别忘记了自己坚持的原则。你一定可以成为成功的那一个。

我是你心中的水果王子吗？

水果是我的最爱。我可以少吃主食，可以少吃山珍海味，但是我一定不能没有水果。我的助理每天做的第一件事情就是买来新鲜水果。我的包里也一定会随时带着一两个水果。橙子补充 VC，美白肌肤；猕猴桃含有丰富 VC，在美白的同时还能抗氧化；火龙果可以排毒、延缓衰老；柚子可以降火凉血；葡萄让你减缓氧化；苹果可以消炎、滋润肌肤，加快代谢体内毒素；西红柿可以防晒；每天一杯柠檬汁温水冲服，还能淡化色斑，抑制黑色素。大家都吃惊于我对水果的热情和执着，其实你也可以试试适量多吃水果，除了为身体增加营养，更多的美容效果也是你意想不到的，一个水果就可以让你拥有好心情。

美容之果——苹果

记得小时候上过一堂英文课，内容是："An apple a day, keeps a doctor away."这句话充分说明了苹果对身体具有非常好的功用。苹果又称美容之果。一天吃一个苹果，不仅能够生津解渴、润肺养颜，还能够帮助我们保护心血管，可谓一果多用。

润肺良药——梨

梨因其鲜嫩多汁，具有生津止渴的功效。在天气干燥的时候，每天吃

上一至两个梨，不仅可以促进食欲，还能帮助脏器消化，对肺部、支气管和呼吸道都能起到滋润的作用。

西域果王——石榴

石榴原产于西域，在汉朝的时候传入中原。其本身具有抗氧化、减少体内氧化胆固醇的作用，被誉为驻颜缓衰老的神秘水果。

干果之王——板栗

板栗炖鸡大家都吃过吧？用板栗来做菜，正是因为它含有丰富的不饱和脂肪酸、维生素和矿物质，可以用于缓解高血压、骨质疏松等病症；而且板栗味道甘甜，具有活血化瘀、健脾养胃等功效。

维 C 之王——猕猴桃

最近一年，网络上掀起了一股猕猴桃热，引发大家争相购买。猕猴桃之所以如此受宠，并不仅仅是因为它的味道美妙，最主要的是它含有丰富的维生素 C，具有很好的美容效果。

去火良药——柚子

小时候对柚子的印象来源于古龙小说《绝代双骄》。故事里的小鱼儿身陷洞底，幸得一颗大柚子，掰开来鲜嫩多汁，还没有吃到嘴里就已经口水横流。柚子的味道酸甜中带一点苦涩，含有大量的维生素 C，可以帮助身体降温去火。

开胃良品——山楂

山楂中维生素和黄酮类的含量都非常多。对女性朋友来说，每天吃一点山楂对身体大有益处，不仅能开胃消食、促进消化，还可以帮助皮肤美容，是广大爱美朋友不得不选择的美味。

维生素丸——大枣

大枣中富含多种维生素，尤其是维生素C的含量特别高，能够养血安神，是女性朋友日常必备的美容佳品。在"好朋友"光顾时泡上一杯红枣茶，在补气血的同时还能滋养皮肤，可以起到很好的护肤功效。

美丽吃出来

《舌尖上的中国》让我们深刻领略了中华五千年饮食文化的无限魅力。在食物中蕴含的生存之道、文明之道，是我们穷尽一生都在追寻的神奇。而在这些丰富的美食中，我们不但能吃出各种味道，也可以吃出健康和美丽。我也经常会在讲课的时候，告诉大家多吃这个可以改善皮肤状况，多吃那个可以改善身体状况，让美丽吃出来。

1. 绿茶

绿茶中含有丰富的维生素 C，具有防止皮肤老化、清洁肌肤的作用。而且绿茶中富含几百种有机化合物，对人体有保健、防病的功效。其所含的天然物质成分，还能杀菌、抗癌、消炎，是其他茶类所无法比拟的。

2. 黄瓜

黄瓜中含有丰富的纤维物质，能够促进肠道排毒、降低血脂、美容护肤。黄瓜切片可以做成面膜、滋润肌肤。黄瓜中所含有的黄瓜酶是一种很强的活性生物酶，能够促进身体的新陈代谢，从而促进血液循环，达到美容润肤的效果。

3. 大豆

大豆中含有丰富的蛋白质，可以美容养颜。每天吃点豆制品，不仅能使皮肤光滑细嫩，还能够改善肤质状况、延缓衰老。

4. 大米

众所周知，洗米水具有非常好的润肤功效。古代就有将米糠磨碎、泡水，再用洗米水洗脸美肤的做法。自制大米蜂蜜面膜能够修复受损肌肤，阻断黑色素的形成，是物美价廉的美容佳品。

5. 胡萝卜

胡萝卜是脂溶性食物。如果想要充分吸收其中的维生素，就必须把胡

萝卜煮熟食用。胡萝卜能够刺激皮肤的新陈代谢，促进血液循环，使肌肤光滑细嫩、肤色红润。

6. 银耳

大家可能都喝过红枣银耳汤。红枣可以补血，使得脸色红润。银耳富含胶质，能够促进黏多醣形成，不仅具有丰胸功效，也能使得肌肉结实、骨骼强壮。此外，银耳也具有美白作用，丰富的纤维质还能帮助通肠、清宿便。

7. 红薯

红薯中含有一种类似雌性激素的物质，能够保护皮肤、延缓衰老，使粗糙的皮肤变得光滑细嫩，是非常好的美容食物。无论生吃还是煮熟吃，红薯都具有促进消化、强化胃肠功能的作用。

8. 莲藕

莲藕能够帮助身体进行新陈代谢，防止皮肤粗糙，让肌肤保持光泽。莲藕中含有丰富的维生素 C 及矿物质，也有清热凉血的功效。

9. 木耳

众所周知，木耳是最好的身体清道夫。它能够帮助身体清除毒素，净化血液。同时富含食物纤维，可以改善因便秘引起的皮肤粗糙。

10. 芝麻

黑芝麻能够补肾固发。它富含丰富的维生素 E，长期食用后，可以使粗糙的皮肤变得柔软有光泽。

11. 山芋

李时珍的中草药著作《本草纲目》中有"甘薯补虚乏，益气力，健脾胃强肾阴"的记载。食用山芋可以补气血，因其富含类雌性激素，也对皮肤具有滋润的作用。长期食用山芋，能够活化身体细胞机能，增进新陈代谢，促进消化。

美丽成仙，需要养成好习惯

1. 坚决不要用手撑脸

很多人都有用手撑脸的坏习惯。手部的力量加以推压，容易使脸部细嫩的肌肤产生皱纹。长此以往，容易造成永久性的皱纹。谨记千万不要用手撑脸，也尽量不去摸脸，这不利于痘痘肌肤的改善。

2. 不要常眯眼

表情丰富或经常眯眼，这些习惯都会导致面部和眼部皱纹的滋生。所以我们要管好自己，千万不要经常眯眼，也不要用手大力地揉眼睛。

3. 不出门时尽量素颜

平时出门时化个淡妆，不仅能够美化自己、增加自信，同时也是对别人的一种尊重。但是如果天天化妆，就会对皮肤造成压力。建议大家在家休息的时候就不要化妆了，素颜朝天，涂上基本的护肤品，让皮肤休息一下，未尝不是一个很好的选择。

美容冷知识

1. 滴管式的精华液，用到一半时吸不上来怎么办

很多牌子的精华原液都有小滴管的设计，在方便使用的同时，还能帮助节约使用量。但是在用到一半的时候，很容易发生精华液吸不上来的状况。这个时候，只要将其中的空气排出，就可以继续把精华吸上来了。这和我们小时候使用的钢笔囊是一个道理，用力挤压钢笔囊中的空气，就会把钢笔水吸到囊中来。

2. 出差旅行，怎样避免护肤品在箱子中肆意横流

飞机在飞行过程中压力比较大，护肤品受到机舱压力的影响，很容易发生溢出的现象。这个时候最好选用旋转式瓶口或是带有瓶塞的瓶子，防止护肤品流出弄脏行李箱。托运的护肤品在使用之前，最好放在冰箱里面冻一下，使瓶身内外气压达到平衡后再打开，这样就不会发生溢出的现象了。

3. 面膜分不分正反面

很多面膜都加入了珠光塑胶纸，还会附上一层无纺布纸片。这些都能起到固定面膜、帮助保存精华的作用。我们在使用的时候，将没有塑胶片，或用非珠光塑胶片的那面贴脸，等面膜在脸上完全铺平以后，再把塑胶片

去掉即可。一般的生物纤维面膜都会有正反面的区别，在包装上也会特别标明。所以大家在使用面膜之前一定要注意阅读说明。

4. 多余的面膜精华不要扔掉

在做面膜的时候，眼角、T 区等比其他部分吸收更快。我们可以等这些地方快干的时候，将多余的精华敷上去，或者涂到身体的其他部位。取下来的面膜如果还比较湿润，说明里面含有精华成分，不要急着舍掉，可以用它来敷脖子，或是擦拭身体的其他部位，可以起到很好的护肤作用。当然也可以将用完的面膜来擦皮质的鞋子，会变得非常光亮。

5. 怎样喷香水才会"香"得益彰

很多人在使用香水的时候基本都闻不到自己的香味，反而是周边的人感觉更浓。怎样才能够让自己闻到香水的气味呢？正确的方法，不是要在身体的每个部位多喷一点，而是把香水喷在手臂的内侧，这样在走路的过程中自己也能闻到香水味了。

6. 刷睫毛的时候表情夸张容易滋生皱纹

在刷睫毛的时候，很多女孩会不自然地做出夸张的表情，甚至连嘴部也跟着眼睛开始动。长此以往，容易造成眼部细纹和法令纹的滋生。正确的刷睫毛方法是：微微张嘴，刷上眼睫毛的时候看下面，刷下面眼睫毛的时候看上面，这样就不会产生皱纹了。

7. 如何正确地涂抹唇膏

在涂完唇膏之后，我们经常遇到嘴唇开始变干、脱皮的尴尬现象。怎样才能涂抹出娇嫩欲滴的效果呢？正确的方法是：用过润唇膏之后，在嘴唇上扑上一点干粉再涂唇膏，这样既能起到滋润嘴唇的作用，又可以让唇膏很好地上色。

8. 怎样才能画出一副烈焰红唇

总是很羡慕银幕中女艺人的一抹红唇，但在自己涂的时候却总是感觉很突兀？不要着急，我们首先要看自己的肤色是否适合红唇。通常来说，红唇更加适合皮肤白皙的人。如果你的肤色有点黑，那么可以先用自然纯色打底，再将红色唇膏均匀地涂到整个嘴唇，然后用唇线笔勾勒一个立体轮廓的唇线，营造出丰唇的效果。这样一个性感的红唇就完成了。

9. 一定要仔细收纳彩妆品

护肤品适合放在阴凉干燥处，防止阳光的直射。同样彩妆也应该置于避光处。阳光的直射会使护肤品或彩妆的表面温度过高，致使其快速融化或者蒸发消耗。大家在保存指甲油、睫毛膏这样怕干的彩妆品时，不妨尝试用酒精清洗后密封。这样可以防止空气进入，避免彩妆蒸发变干。

10. 马上要出门了，指甲油还没干

现在很多女孩都喜欢做美甲。指甲被涂上各种图案时，搭配美丽的衣

服尤其显得明艳动人。当自己在家涂指甲油时，特别容易出现指甲油不易干、一碰就花等情况。其实在涂指甲油之前，可以将它放在冰箱里冷冻20分钟。低温会使指甲油迅速凝固，这样涂在手上之后就会容易变干。也可以使用吹风机的冷风功能、或者用凉水直接冲指甲，这些办法都可以让指甲油快速变干。

11. 卸妆油、洗甲水突然用完了怎么办

卸妆水用完了，还没有来得及买，这个时候该怎么办？伊然教给大家一个小窍门。其实洗发水尤其是儿童洗发水在兑水之后，与卸妆水有着同样的功效，可以轻松去除脸上的淡妆，甚至还可以用来卸眼妆。但是这个方法只能用来救急，千万不要把洗发水当做卸妆水使用！如果指甲油不小心蹭花了，不要郁闷，家里的六神花露水可以充当洗甲水，而且还没有洗甲水的刺激味道。大家不妨回家试试看。

12. 眼线膏、睫毛膏干得也太快了

眼线膏、睫毛膏经常会出现还没有用完就干掉的现象。伊然教给大家一个小窍门。我们可以先挖一小块来用，剩下的用保鲜膜包好，这样就不容易整瓶干掉了。如果嫌麻烦，也可以在画一只眼睛的时候，把瓶子倒扣在桌子上，这样也会减慢蒸发的速度。

用睫毛膏时不要使劲上下抽动睫毛膏柄，否则空气会随着抽动进入瓶内。我们应该以螺旋式拧进拧出，才不会让空气进入。如果睫毛膏或者眼线膏已经干了，也不要着急，在里面加点甘油后摇匀，就可以继续使用了。

13. 护肤品真的能去皱吗

皱纹分为真皱纹和假皱纹。当我们面无表情时看到的脸上皱纹是真皱纹，只有做表情的时候才出现的皱纹是假性皱纹，也就是表情纹。护肤品可以帮助我们尽早抵御皱纹的产生，防止假性皱纹变成真皱纹。但是一旦变成真皱纹的话，就是用再好的护肤品也无法去掉了。

14. 粉扑用多久后需要换

粉扑或化妆绵应该要"软软的"才对。"发硬"说明它已经开始变质。如果用沐浴液清洗后还是硬邦邦的，无论怎么揉搓都无法恢复表面的弹性，就说明这个粉扑该换了。超市卖的平价大粉扑，正反两面都用完后大可直接扔掉；品牌的贵价粉扑可以清洁数次后再扔。总之千万不能一边上粉，一边掉粉。

15. 粉饼用到最后中间空了，边缘的粉又无法使用怎么办

有一个小窍门可以让剩余的粉饼重新变成新的。首先把盒子里面的粉全部倒在事先准备好的保鲜膜上，包起来并用手碾压，使其重新压成粉末，再将磨碎的粉重新倒回粉饼盒，然后用保鲜膜盖好粉饼，在上面用和粉饼盒相同大小的重物来反复压实这些碎末。这样一盒新的粉饼就诞生了。

16. 化妆台上的护肤品堆积如山，但每天使用的却总是那么几瓶，剩下的只能在角落里等着过期

女孩子很容易头脑过热，一冲动就买了很多护肤品，但是它们又不一定适合自己，因此会有很多东西用着用着就被扔到一边。这样的护肤品只能等到过期之后扔掉吗？其实可以把这些瓶瓶罐罐充分地利用起来：

换一个部位，让它们发挥"余热"

1. 面霜当颈霜或身体乳

可以把用不完的面霜优先考虑当颈霜用，特别是含抗衰老成分的面霜尤为适合。我们也可以考虑把面霜当身体乳使用，这样不仅能废物利用，在秋冬干燥的季节又节省了身体乳，使皮肤更加滋润。

2. 面霜当手足霜

不好用的面霜最终还可以用来滋润手足，尤其是易过敏的面霜和过于油腻的面霜。拿来作为按摩使用，或者涂上后戴棉袜过夜，功效绝对让你大吃一惊。

3. 精油按摩沐浴 + 护甲护发

如果你囤了不少精油，不妨尝试变着花样来使用它。除了按摩沐浴，可以把精油分装成小瓶随身携带，闲暇时按摩指甲边缘、预防倒刺。护肤类精油也会起到很好的护发效果，洗完头在头发七八成干的时候涂在发尾，

可以改善发质干枯分叉的状况。

换一种用法，把无用变有用

1. 摩擦加热过油的面霜

很多品牌的面霜因所含营养成分的关系，会有一种浓稠油腻的感觉。如果你觉得面霜太过油腻，可以把面霜放在手心里，用两只手用力摩擦，用手掌产生的热量将面霜充分融化，然后再抹在脸上，就会感觉面霜变得清爽了。经过摩擦后的面霜，还可以使皮肤更为充分地吸收精华成分。

2. 用化妆棉涂抹过油的乳液

对于油分比较多的乳液，我们不妨参考化妆水的使用方法，用化妆棉进行涂抹。化妆棉可以吸掉乳液中的油分，擦在脸上后也完全不会感觉到油腻。

17. 洗脸时，如何不压塌发型

早上洗脸的时候，长头发的女生往往需要借助发箍等物品固定头发。等到洗完脸后拿下发箍，发型就被破坏了。这个时候不妨去购买刘海贴，贴在头发上就不会影响发型了。如果发型被破坏了，也可以求助于吹风机，只要把头发朝相反的方向吹就可以了。

18. 如何储存化妆刷

即使我们不是造型师，在生活中多多少少还是会使用化妆刷。为了将需要的化妆刷随身携带，建议大家可以找一个旅行牙刷盒，把刷子放在里面，既卫生又方便。

19. 眼霜太少不经用

一般眼霜的含量都是 15ML，不但量非常少，价格又不便宜，往往很快就被用完了。其实我们可以选择在使用功效性的眼霜或精华之后，用稍便宜的眼霜来进行按摩，这样就能够稍微节省一点。

20. 洗澡之后最好不要立刻开始化妆

很多人都习惯洗澡之后立即化妆。但这个时候，皮肤的毛孔往往呈现扩展状态，容易使化妆品侵入毛孔。建议大家最好在洗澡后一个小时，等皮肤毛孔收缩、酸碱度恢复平衡之后再开始化妆。

云淡风轻是一种美的心态

坚持难，放开更难

我在初中的时候特别调皮，经常和同学们打架，甚至女生都不敢和我一起坐。进入附中独立生活之后，我发现自己慢慢地长大了，不再和别人打架，也不再欺负女同学，因为我知道如果欺负女同学的话，别人会找我来"报仇"的。我自己一个人在外面生活，没有爸妈在身边，不会有人来帮助我。虽然现在想想，小孩子的心态扭转得很奇怪，但正是因为这个"不算正当"的原因，让我开始有了转变。

那个时候因为怕自己被欺负，我还学会了另一门技能，就是讨好别人，这样才能生活得更加顺利，别人也才会愿意帮助我。现在长大之后，发现这个技能会让我条件反射一样地对别人好。事实上，身边的朋友的确也非常喜欢我，年龄大的哥哥姐姐都愿意在事业和生活上帮助我，年龄小的弟弟妹妹也非常喜欢和我一起玩儿。当然我也非常会"讨好"他们。也许是因为从小在外独立生活，所以我明白了这样的道理：要得到回报，必定要先付出。

工作状态的我与平时非常不同。只要一进入工作状态，瞬间就会让人觉得很难沟通，非常坚持原则。比如说，我觉得一个问题你应该会懂，就不会立即告诉你答案，而是会让你自己摸索着寻找答案，自己去想办法。因为只有当你身处困境的时候，才会开动脑筋去解决问题，这样的锻炼才是最实在、最受用的，也是最能够让你成长的。这样的处理方式，可能会让有些同事觉得孤傲、冷血，或者不近人情。在别人最着急上火、最需要帮助的时候，我却两手一摊什么都不管，特别不像朋友该做的事情。但是我认为，这样也许才是对朋友、对同事最大程度地负责。真正学到自己手里的才是本领，别人教的永远是方法，领悟之后的才是成长。当年初出茅庐的我就是这样被领导训练出来的。在我为一件事情特别着急的时候，领导并不会告诉我应该怎么办，你越着急，就越有危机感，有了危机感才会想办法自救。经过这样"残酷而现实"的训练之后，我真正领悟了：所有的危机，真正能够帮助解决的只有你自己。有一句话我非常信服，叫作"自救者天助"，正是这句话才让我有了今天的坚持和顽强。

我常常说，坚持是我的一项强大技能，独立是我的基本生存条件，孤傲是我的工作状态，但生活中的我却是非常随性、大大咧咧的，常常被同事取笑说是一个多功能障碍性非频发生活无能者。因为我只要不在工作状态，整个人都放松下来，会让大家觉得我还是个小孩子的心性。不过轻松生活、拼命工作的状态我非常喜欢。现在很多 80 后也好，90 后也好，这些年轻人在选择的过程中更多了一份自我的坚持，少了自我的放松和解放，经常把自己的生活和职场都搞得硝烟四起，说是这样的生活才有滋有味，但这种撒狗血似的生活节奏总会有疲惫的一天。平平淡淡才是真，风轻云淡才是一种美的状态。

我的肌肤困扰期——永远战不完的痘痘肌

那段毁容经历让我在不断的实验中知道了什么是美，怎样去美。我曾经因为肌肤问题被别人嘲笑过，而我是一个不愿意被挑出毛病的人，这一切对我来说是莫大的伤害。我在深圳的时候，在将近一年的时间里完全把自己封闭起来，不出去，也不接触任何人，因为脸上都是痘痘，这让我的自信完全丧失。我相信有很多的年轻朋友都会有过这样的经历。

在此，我希望把自己的战痘经验分享给大家。但大家千万不要向我学习，一定要选择正确的方式对待你的肌肤，以免因为一时的胡乱折腾，给自己造成终生的遗憾。

我用过的战痘利器

1. E 维 A 酸胶囊

世界上最神奇的治痘痘药物，几乎是吃完就不长了。治疗痘痘的药有很多，但是 E 维 A 酸胶囊的效果排名世界第一。但它的副作用也非常大，也是排名世界第一的。它会导致女性生育不良，也会导致人的精神状态不良。在吃药期间，所有的精神状态完全是消极的，容易愤慨，容易激动，经常会有轻生的念头，导致脾气非常暴躁。这种药可能还会导致肌肉拉伤，后背肌肉萎缩，损坏肝功能。

我曾经吃过两个月，因为医生并没有给我讲明它会有如此大的副作用，也没有想过后果。当时我在沈阳出差，半夜怎么都睡不着，那种疼不是普通的，吃点止疼药就能忍受的。我感觉整个身体都是僵硬的。半夜的时候实在忍受不了了，爬起来舒展身体，怎么样都不舒服，整整疼了一晚上。我第二天赶紧跑去按摩，连续按摩了一个月，最终才在网上查到这个药的副作用：它会让你颈部和背部肌肉萎缩，并造成精神上的抑郁，脾气难以控制。当时的我经常和别人发火，朋友带我去吃韩国烧烤，我也会发脾气。在日本、浙江有很多服用了这种药之后轻生的例子。如果你害怕这些事情，就不能吃这种药，服用之后的两个月内也不能怀孕。何况停药之后还是会再长痘痘，并不能根治。E维A酸胶囊只能让你在短暂的时间内不长痘痘，但会让你皮肤发干，不停地溃烂和脱皮，不停地想喝水。

2. 螺内酯

在深圳的时候，因为脸上不停地冒痘痘，我也不停地用自己当实验，在网上查了各种治疗痘痘的药。有一种叫做螺内酯的药，它的作用是平衡体内激素。我就买了这个药开始吃，直到吃了十几天之后，有一天突然感觉自己的胸部特别疼，衣服摩擦皮肤的时候非常不舒服。我在洗澡的时候发现，胸部跟以前不一样了，像刚刚发育的小女孩一样，有一个小胸尖，

而且还会疼。我以为自己得了乳腺疾病，根本没有想到竟然是药物的问题。在医院检查的时候，我就把药物拿来给医生看，原来螺内酯中最重要的成分竟然是雌性激素！它可以强制平衡你体内的激素，让你在短时间内去除痘痘；但是如果长期服用的话，就会导致一些身体病变。我每次尝试方法的时候都不考虑后果，也不会感到害怕。那个时候年少轻狂不懂事，现在想想自己也感觉挺可怕的。

其实长痘痘的原因，一个是熬夜，一个吃甜点和刺激性食物，还有就是卸妆不彻底。要想拥有美丽的肌肤，最重要的还是要保持良好的生活习惯和饮食习惯。

养成七大美容好习惯

有些人总是羡慕别人的皮肤吹弹可破，美丽不可方物。虽然我们没有办法改变五官，但是肤质状况却是可以改变的。只要肯努力，坚持按照正确的方法进行护理，白皙通透的肌肤指日可待，每个人都可以是美丽的。

美容习惯一：早晨一杯白开水

水是生命之源，每天多喝点水对皮肤有很大的帮助。早上醒来后立即喝一杯白开水，能够帮助身体和皮肤进行排毒，开启清洁水润的一天。

早晨的一杯水，不仅可以清洁肠道，补充夜间失去的水分，还能帮助身体做好进食的准备，具有温胃养胃的功能。不过这杯水一定是白开水，而不能是任何饮料或者其他的替代品。

美容习惯二：一个苹果

苹果不仅能够美容减肥、补充身体所缺的维生素，还能帮助皮肤保湿、抑制黑色素的沉淀。苹果中所含的果酸成分还有祛痘的作用。所以经常有人说："一天一苹果，医生远离我。"

美容习惯三：拒绝不健康的饮食习惯

在周边环境中存在着很多美食的诱惑。我们享受美食的同时，也要学会选择和拒绝，例如少吃油炸食品及辛辣刺激的食品，多吃些低脂肪的奶制品和鱼肉、鸡蛋、蔬菜等健康食品。

美容习惯四：矿泉水补水法

如果出差或者出门在外，没有给皮肤补水的条件，那么不妨买一瓶矿泉水，利用水中所含的微量元素和矿物质来帮助肌肤补水。我们可以在洗脸后，将一块纱布浸泡在水里，浸透之后再敷在脸上，以此帮助皮肤做一个简单的补水面膜。

美容习惯五：适量的运动

在现代社会里，人们每天忙于工作和应酬，却越来越不重视运动。其实运动可以随时随地进行，例如每天抽出 10 分钟的时间来进行原地踏步，也是一个非常好的运动方式。坚持运动能够帮助血液循环，减轻精神压力，使皮肤排除毒素、吸收养分。

美容习惯六：坚持做面膜

每周最少坚持 2--3 天敷面膜，可以分为补水、紧致、排毒等种类分别进行。建议大家在睡觉前做面膜，之后再涂上护肤品，这样可以使皮肤在夜晚得到充分的修复。

美容习惯七：充足的睡眠时间

现在很多年轻人都有晚睡的习惯，经常熬夜至凌晨。其实不仅仅是身体脏器需要在睡眠中得到修复，皮肤也是需要睡觉的。每天晚上 10 点到次日早晨的 5 点，这是皮肤修复的黄金时间。我们经常说的"美容觉"就是在这段时间，而不是随时随地的睡眠。

小心思，大美丽

让无名指派上用场

无名指最适合涂抹眼霜，它不但力度适中，且指肚的肌肤比较柔软，适合按摩眼部肌肤，促进眼霜的吸收。

消除眼肿的妙方：

休息不好或饮食不当，都会引起眼部肿胀。伊然告诉大家一个急救措施，就是把勺子放在冰箱中或者冷水中冰一会儿，再用勺子底部压在眼睛上，15 秒之后可以轻松缓解眼部肿胀。

双手也需要防晒

除了脖子能够看出一个人的年龄，双手也是非常容易泄露年龄的地方，号称是女人的第二张脸。因此我们也要注意手部的保养，不仅要擦护手霜，更要注意防晒。

用洗发水来洗化妆刷

如果没有购买专业的洗化妆刷的清洁液，我们不妨就地取材。洗发水特别是小朋友用的洗发水，由于性质温和，不但能够清洁化妆刷上的油脂和污垢，即使有残留，也不会对皮肤造成伤害。

唇膏放冰箱

如果有不用的唇膏，可以放在冰箱里。等到需要的时候把唇膏拿出来，擦在身体比较干燥的地方，涂抹之后会起到比护肤品更加滋润的效果，而且保湿效果也非常不错。

多吃些有益的脂肪

有益的脂肪主要指鱼肉和坚果中所含的脂肪酸。在这些食物中所含的脂肪酸对肤质状况的改善非常有益，而且能够帮助改善痘痘肌。

眼霜放在冰箱里能够帮助消肿

把眼霜放在冰箱里冰一会儿再使用，与刚才提到的冰勺子消肿法可以起到类似的功效。降温后的眼霜不仅能够帮助消肿，在夏天还能收获意外的舒适感。

谁都可以做最美的风景

不是你不美，而是没有自信追求美

我从未想过自己会进入一个缔造美的行业，也从来没想过自己会在这个行业里做得这么多，并走了这么远。

我是一个非常典型的金牛座，性格耿直冲动，在工作上有过于常人的执着，甚至是疯狂。在工作状态中，我想做什么事情就一定要做到，有时候会有一种冲动上来，那种状态是九头牛都拉不回来的。金牛座的脾气也很躁，发脾气的时候完全控制不了，遇到事情一定要说出来，不说出来就会特别难受。但是发泄完了之后就会特别后悔。刚开始工作的时候，我因为自己的脾气问题，曾经被很多人讨厌过，会给对方造成心结。随着年龄的增长，我的性格已经慢慢收敛了不少。比如现在的这些工作伙伴，虽然搭档的时间不久，偶尔我也会有情绪暴躁的时候，但过后会马上将问题之所在告诉他。

虽然性格稍微偏执暴躁，不过站在专业的角度上，我应该算是广大女性的男闺蜜和蓝颜知己。因为我的讲课范围涉及到全国各地，每次在沈阳、大连、乌鲁木齐、成都这些地方出差的时候，都会被大家认出来。她们看到我，都会很高兴地打招呼，和我探讨最近的肌肤状况。比如之前我讲的某些美容知识真的对她们有效果，她们就会非常积极地和我分享美丽的喜悦。这种暖心的感受是我从事这个行业以来最美好的收获。

去年我在重庆为某个国际品牌的员工讲课，内容是品牌故事和新品开发。当时请了很多达人老师参加。上午是新品发布会，下午就像是妇女座谈会一样，很多会员围在我身边，热闹不已。在讲课的过程中，一位女士给我留下了非常深刻的印象。她的性格热情直接，不论什么问题都问得特别仔细，把自己当时不懂或者想知道的内容全都问了一遍。后来通过了解，她只有三十岁左右，经济条件非常好，身边也有很多男人追求，但是她非常不开心，在情感生活中没有什么幸福感，希望能通过美丽来弥补自己失去的自信。课程过去之后，去年年底她突然通过微博联系到了我，说现在有个男士很喜欢她，但是年龄比她小。她感觉自己在外形上遇到了障碍，不够资格站在那个男士的家人面前。她希望能通过我的帮忙，找一找有没有什么地方可以调整五官的。我非常理解这个姐姐的想法，她希望通过这样的方式进行心理建设，让自己能够自信强大起来。我不反对为了追求美，在不伤害身体的情况下对外貌进行些许改变。

从这位姐姐来北京的第一天起，我带她跑遍了口碑好的微整形医院，将自己手里的所有可用资源都拿给她了。我告诉她哪些东西是安全的，可以尝试；哪些东西是危险的，一定要慎重选择；以及在保证身体健康的基础上，我们到底可以为了美做哪些尝试和改变。

什么是微整形

说到微整形，也许很多人都不大清楚。不过大家应该经常听到肉毒素、美白针、伊维兰等等。其实它们就是微整形的主要项目。总体来说，微整形利用的是高科技医疗技术，通常属于非永久性的疗法，特点是一般都不需动刀，既能快速修饰缺点，又可以评估术后效果。即使不满意，过段时间仍可恢复原样。相对于传统手术失败就会造成永久性定型的风险，微整形手术可以为美丽提供相对安全的保障。当然，伊然在这里也还是要说一句——选择需谨慎。

目前整形市场的微整形主要包括 6 大项目：

A 型肉毒素除皱和瘦脸

注射 A 型肉毒素可以帮助脸部做微型调整，且术后不影响工作和生活，恢复效果快。

自体脂肪移植充填

自体脂肪移植充填具有外形自然、质感真实的优点，而少有排斥性，吸收比较快，不需要开刀。

填充剂注射 & 激光治疗

填充剂注射主要指用胶原、玻尿酸等填充，来帮助去除皱纹或丰唇，效果可以维持一年，属于相对比较安全的做法。

激光治疗

通过先进的激光设备刺激皮肤胶原的新生和重塑，以达到紧致肌肤、除皱美白的效果。

面部微吸脂

面部微吸脂是通过小针眼来吸除多余的脂肪，具有创伤小、效果明显的特点。特别适合治疗双下巴。

注射美白针

美白针不是像我们所想象那样，只要打一针就好。它其实是液体点滴，注射时间需要 40 分钟至 1 个小时左右。美白针与普通点滴一样，如果注射速度太快，会让人感觉到头晕、恶心。如果你在打点滴的时候经常头晕，那么在打美白针时就需要特别注意一下。美白针并不像传说中那样，打过之后就会立刻变白，它会在基础美白的效果上起到一定的作用。

基于以上对微整形的了解，我带着这个姐姐咨询了北京各大权威整形医疗机构，也通过对她自身的皮肤状况和身体状况的了解，为她量身制定了一系列的微整形方案。经过与医生的沟通，姐姐的微整形计划开始了。为了美丽是要付出一定代价的，同时微整形的过程没有动手术快，没有看到明显的效果，对她的信心也会造成一定打击。这个姐姐在治疗的过程中，曾经出现过想放弃的念头，我都会在旁边鼓励她坚持下去。这些手术都是我经过专业医生的咨询，在保证安全的基础上所进行的，虽然过程会枯燥，也会痛苦，但是之后的美容效果也是显而易见的。

我曾经切身体会过一个人承担这些经历的痛苦。所以在这期间，我一直陪在她身边照顾她，包括每天的生活作息、一日三餐，也照顾她的精神世界，经常把自己过去的经历和经验讲给她听，增加她的自信。就这样我带着她、陪伴她走完了整个过程。直到去年的 7 月份，她整个人变得完全不一样了，从内而外散发着一种美。这种美并不完全在于外貌发生了变化，而是外在的这些改变让她从头到脚地相信了自己，她认为自己是美的，这种美便影响了她的整个状态。那种迷人的味道真的很美，很美。我尽自己所能去帮助一个人完成了她的美丽梦想，这让我对自己的人生有了更大的肯定。

每次讲课的时候，我都会面对非常多的女性朋友。她们也许容貌不同，行业不同，所遇到的肌肤问题也不同。但当我们进行交流的时候，我能感受到她们对肌肤知识的渴望。在给她们做讲解的过程中，我也在寻找着自己的人生定位和价值。我能够帮助到她们，这是对我在这个行业最大的肯定和感恩。我自己也是从对护肤美容知识一窍不通的时候走过来的，别人说什么就都去做，别人推荐什么就都去用，走过不少弯路，也犯了许多错误。所以她们所遇到的任何问题，我都有过贴身体会，也能够理解她们的苦楚，有时甚至觉得她们就是我，她们正在经历的痛苦就是我曾经经历过的。我能够帮助她们，是我莫大的荣幸。

我曾经带过一个女孩治疗痘痘。她是我老板的朋友，在一个知名的证券公司上班，每天的工作就是面对着电脑完成各种数据。她本身的性格比较好强，脾气很大。因为长期在电脑旁工作，加上不良的生活和饮食习惯，以及妇科疾病、内分泌混乱、皮肤组织结构的严重破坏等多种问题，共同造成了她现在的皮肤状况。她的脸上有非常多的痘痘，而且已经不是普通的痘痘了，是一些囊肿型的脓包。作为一个爱美的女生，最可怕的也就是这样的状况。那个时候的她非常痛苦，甚至动过轻生的念头。大家都不愿意看她，不理她，甚至都在嘲笑她。她永远记得一次和朋友吃饭，朋友见到她时的那种表情，那一幕深深地印在了她心里。而我也经历过一场非常艰难的战痘经历，能理解她当时那种接近自杀的感觉。从第一天开始，我先去了解她的生活细节：上网时长，经期是否正常，以及她的情感、生活和工作状况。完成这项基本工作之后，我带她先进行中医调节，再根据她个人的肤质情况，制定了一整套针对她的美容方法，包括洁肤、补水、洁面粉，晚上用什么，白天用什么，每个步骤应该怎样涂抹、按压等，我将这些全部都告诉她，请她按照这些的方法去执行。

就这样一次又一次，我带她去做激光，不停地吃中药，不停地监督她的生活习惯，也请她真诚地对待这些尝试和努力，规律休息，减少上网时间，白天上网一定涂上隔离霜，晚上网的时候一定贴着面膜。我感觉这不是一个简单的过程，而是在重新造人。那段时间里我更像是她的亲人，比医生更期盼着她康复的那一天。第一个月过后，她的皮肤状况有了明显的好转，那种光滑是以前根本无法想象的，脸上的痘痘都没有了，只有痘印还在。第二步我带她去做了痘印采光，10天后脸上的红印全都消了下去。那天早晨她躺着拍照传给我看，那种女人的妩媚，是以前从来不可能在她的脸上见到的。当我看到那张照片的时候，整个人激动得想要跳起来，比自己拿了大奖还要开心。因为她属于耐受性极差的皮肤，容易感染，容易起痘，容易反复。终于，她现在已经完全改变了，觉得自己变得漂亮、自信。我真诚地为她高兴，和她一起分享着这些快乐。

这个女孩康复后，我没有收她一分钱。我特别愿意去了解和帮助有痘痘困扰的人，因为我对她们的每一点痛苦都有切身感受，我也在陪她们一起进行战痘治疗的过程中不断地学习成长，是她们给了我最好的临床经验。护肤专家不是一天两天能够成就出来的，保养专家也不是一天两天造就的，是靠长期的经验积累和不断地摸索锻炼训练出来的。我很感谢这些女闺蜜，感谢她们对我的信任，感谢她们将自己的美丽之路交给我来铺就。我也希望有同样困扰的女孩能够尝试去改变一下，只要找对方式，坚持下去，每个人都可以成为那个最美的自己。

走出美丽误区，找到正确寻美之路

1. 为了维持体重，只吃水果蔬菜

很多爱美的女孩对肉简直是避而远之。她们把肉视为增重的元凶。其实蔬菜水果只能提供人体所需的基本热量，我们必须依赖其他食物来补充营养。肉中所含的蛋白质可以增加皮肤弹性。如果只吃水果蔬菜而不吃肉的话，容易造成皮肤的松弛和老化。

2. 每天坚持喝 2000ML 以上的水，每次一大杯

喝水对身体和皮肤都有很好的作用，但是饮水量过大反而会给身体造

成压力。尤其是晚上，饮水过多容易造成浮肿、眼袋等现象，因此喝水也要秉持少饮多次的原则。

3. 担心喝了"带颜色的"茶后皮肤会变黑

熟茶经过烘烤，颜色比较重。有些人会觉得喝的东西颜色越重，皮肤就会越黑，并且容易造成色素沉淀和色斑。其实茶叶中含有丰富的维生素，不但不会变黑，还有起到养颜的功效。

4. 不吃油炸辛辣食品就不会长痘

皮肤腺分泌过盛引起的毛孔堵塞，生活无规律，精神压力大，化妆品使用不当，饮食习惯……这些都是引起痘痘的主要原因，并不是不吃油炸辛辣食物就会不长痘了。

5. 乱用市面上的迅速美白产品

目前市场上有非常多的美白产品，有些甚至风靡一时，为许多明星艺人所追捧。但是伊然想在这里告诉给大家，迅速美白类产品基本都含有高浓度的激素或汞。它们会破坏皮肤角质层，使皮肤抵抗力变低，有些甚至会出现脱皮、红肿等现象。

十三个补水误区

我们每天都在强调补水的重要性，那么我们所坚持的补水方法真的正确吗？我们真的补对水了吗？

说法 1：补水就是保湿，保湿就是补水

保湿和补水是两个不同的概念。补水是直接补充肌肤细胞所需的水分，而保湿则是防止肌肤细胞中的水分散失。所以如果保湿做得不好的话，补再多的水也无济于事。

说法 2：拒绝使用含油脂的保养品

皮肤需要补水，同时也需要锁水，而油脂就是用来帮助锁水的主要成分。我们平时所说的皮肤干和缺水，并不单单指缺少水分，也包括油脂。因此只有水油平衡，先补油、再补水，才能够真正达到补水锁水的目的。

说法 3：肌肤敏感是由缺水引起的

皮肤敏感是多种原因引起的。含水量不足导致皮肤抵抗力下降，会使肌肤因此变得敏感。补水是对的，但是治疗皮肤的敏感还是要对症下药，找对方法。

说法 4: 把营养水喷在棉片或面膜纸上，敷脸补水效果特别好

现在市面上有很多大容量营养水，有些甚至高达 500ml，主打功效就是可以每天当作面膜使用，用来帮助皮肤补水保湿。但并不是只要把水敷在脸上，就一定能补水。补水之前需要先去掉老化角质，同时选择吸收程度比较好的面膜纸。

说法 5: 每天坚持泡澡半小时以上也是一种全身肌肤的补水方式

洗澡能够加速血液循环，帮助改善肌肤，但是洗澡的时候水温不能过高，时间也不能太长，否则容易造成身体脱水。洗澡之后不要等到皮肤完全擦干，直接涂抹润肤乳，这样的补水效果会更好。

说法 6: 蒸面也是一种好的补水方式

对于皮脂腺分泌本来就过于旺盛的油性肌肤而言，蒸面后新陈代谢加速，只能导致油脂分泌更加旺盛。对于干燥和疲劳肌肤而言，如果不配合进行有效保湿，或是蒸面次数过于频繁，反而容易令肌肤自身的水分流失掉。

说法 7: 每隔数小时给皮肤喷点水就能补水

现在有市面上有各种各样的补水产品，我们经常看到有些人动不动就往脸上喷一下水，据说这样能够随时随地补水。但是如果面部上过妆，再喷补水的效果不是很好，反而容易加速皮肤上的水分挥发，带走更多的水

分。真正解决皮肤缺水的问题，还是要依靠保湿护理和日常补水。

说法 8: 缺水是直接导致肌肤衰老的元凶

肌肤的衰老最重要的因素是：第一，细胞自身的新陈代谢减慢，胶原蛋白生成能力减弱；第二，紫外线侵害，令皮肤加倍生成自由基，破坏真皮层中的胶原质与弹力纤维。

说法 9: 化妆会令肌肤更加干燥缺水

现在很多的彩妆产品都有护肤功效，例如 BB 霜、隔离霜等。好的彩妆能够针对皮肤的不同状况进行保养。当然彩妆不可能和护肤品的效果画等号，化妆并不是引起皮肤干燥的主要原因。

说法 10: 晚上是最佳的补水时间

晚上 12 点到凌晨 2 点，皮肤的新陈代谢进入最高峰，因此肌肤保养的最佳时机通常都在晚上。不过补水的关键时刻是早晨起床后，睡眠期间皮肤会蒸发掉约 200 毫升水分，这时空腹喝水最能及时补充身体所需。

说法 11: 眼部与唇部需要频繁地补水护理

与脸部皮肤一样，眼睛和唇部除了补水之外，也要补充能够锁住水分的油分，才能够达到最佳的补水效果。

说法 12: 睡眠不足时用紧急补水面膜，可以让皮肤迅速恢复充盈状态。

现代人睡眠不足是一个非常常见的现象。面膜可以帮助皮肤改善缺水的状况，但是却无法改变失眠造成的皮肤暗淡无光。

说法 13: 补水就要多喝水

人体每天所需要补充的水分大概在 1500 毫升左右。除了喝水之外，还可以通过喝汤、吃水果等方式来补充。但是身体缺水与皮肤缺水是两个概念。我们在进行身体补水之后，仍然需要找到针对皮肤补水的方法。

美白的七大日常误区

美白误区之一：晚上不需要做防晒

防晒不只是指针对阳光的防晒。晚上虽然没有紫外线，但是电子产品的荧光屏、灯光的照射等也会对皮肤造成一定的伤害，因此晚上的防晒也尤为重要。

美白误区之二：睡眠不足与美白无关

睡眠不足容易导致皮肤的新陈代谢功能减缓，这时就算使用再多的美白护肤产品都不能很好地吸收，再做美白也是没有用的。

美白误区之三：过度信赖名牌美白产品

网上流传着各种各样的美白秘方，各大品牌也主打美白功效，但是并不是每一种美白产品都适合自己，一定要看好产品的所含成分。选择适合自己皮肤状况的美白产品才能够真正达到美白的目的。

美白误区之四：一套美白产品走天下

随着季节和温度的不同，对防晒系数和美白产品的选择使用都不同，因此要根据不同的季节和天气状况，选择适用的美白产品和防晒产品。

美白误区之五：随意乱吃垃圾食品

其实美白与饮食有很大的关系。想要真正的做到美白护肤，需要做到一点忌口，不仅要多吃蔬菜水果，还要适当地补充维生素 C，多吃有益美白和淡斑的食物，如薏仁、牛奶、蜂蜜、柠檬等。

美白误区之六：让你一夜之间变白的妙方

天下没有免费的午餐，也没有一蹴而就的仙丹灵药，一夜之间变白是非常不切实际的想法，即使动用整形也无法一夜之间变白。因此大家在美白护肤的这条路上要时刻保持理智，选择正确而安全的方法来达到目的。

美白误区之七：一天不做防晒不会影响美白的

防晒是每天都要进行的工作。如果经常偷懒、给自己放假，将有可能使你长期坚持下来的美白效果付之东流。坚持做好防晒是非常重要的。

皮肤"控油"三大误区

夏天到了，每个人都想让自己的皮肤清爽光滑。对于爱出油的女性而言，控油是一项需要长期坚持的变美工作。

误区 1：频繁洗脸去油光

许多人会错误地认为，只要皮肤出油了就去洗脸，洗干净就不油了。但事实上，皮肤的油脂和水分分泌应当处于一种平衡状态，如果只是简单地将肌肤表面的油分洗去或者吸掉，容易造成水油失衡，反而会刺激皮脂腺分泌更多的油脂。从这个意义上说，补水是控油的关键。因此，控油和补水需要同步来做。

误区 2：青春期才要控油

很多人会觉得控油应该是年轻人做的事情，其实不是这样的。人体的皮质分泌与年龄有着非常大的关系，油脂分泌造成的问题主要集中在 36 到 37 岁，过多的皮脂分泌容易引发毛孔粗大，这些都需要急早治疗，否则就会日益恶化。

误区 3：控油是女人的事

荷尔蒙是影响皮肤油脂分泌的因素之一。男性荷尔蒙中的二氢固酮会促进皮脂腺分泌，使面部的油脂增多，所以男性皮肤最明显的特点就是出油量较多。因此，男性比女性更加需要注意控油。

夏季防晒日常误区

皮肤晒黑了就不需要防晒

很多人并不重视夏季防晒，认为反正自己已经晒黑了，就不需要再去做防晒措施了。事实上，皮肤在晒黑了之后同样会受到 UVA 的伤害。因此晒黑后更应该做好防晒工作，使得肌肤免受紫外线的更多侵蚀。

晒伤后等到秋天再修护

很多人对晒后修护没有什么概念，认为皮肤在秋冬季节可以自动修复。其实晒后护理应该是在当天甚至当时就进行的。时间越早，肌肤受损的程度就越小。这样不仅可以迅速减轻肌肤红肿灼热的反应，而且有利于减缓紫外线的伤害。

天气凉爽，紫外线就不强烈

相信很多人都会有这个感觉，天气凉爽，就不需要做防晒。这个想法实际上是大错特错的。我们在爬山时，越往上走山风越凉，这时紫外线却越强。每往上爬 1000 米，紫外线就增强 10%。在海边也同样如此，海风让你感觉凉爽，然而此时的紫外线往往已达到极强的程度。所以，千万不要被习习凉风所迷惑了。

阴天时紫外线很弱

阴天下雨的时候就不需要防晒了吧？但实际上，UVA 紫外线几乎完全可以不受云层的阻隔。无论云层多厚，紫外线都一样可以穿透。由此看来，防晒真的是随时随地都要进行的工作。

热水洗脸能舒缓晒伤

无论什么时候，都最好不要用热水洗脸。坚持用温水洗脸才能帮助调理皮肤。如果在外边晒了一天，再用热水洗脸，肌肤会被热水灼伤。只有温凉水才能令毛孔收缩，使肌肤冷却下来，达到消热退红的作用。

使用果酸产品

使用果酸护肤品后，脸上一般会脱落一些小皮屑，而皮屑脱落后，新生皮肤便直接暴露在阳光下，更容易受到夏天强烈紫外线的灼伤，使新生肌肤严重受损。

遮阳伞可以防晒

打一把遮阳伞就可以起到防晒的作用了吗？为什么发现皮肤还是会变黑呢？其实 50% 的紫外线都可以透过遮阳伞的隔离，直接伤及到皮肤。

眼唇部位不必防晒

眼部和唇部是我们面部最脆弱的皮肤，因此更容易受到紫外线的侵袭。尤其是夏天，我们需要针对眼唇部位做好防晒工作，涂抹防晒霜或

是戴上太阳镜。

防晒只要一层就好

紫外线的穿透力非常强，而一般防晒产品的时效又非常短，因此只涂一层防晒，皮肤很容易就会被紫外线侵蚀。多涂几层防晒，并且经常补用防晒产品，这样才能够有效地阻止紫外线的侵袭。

防晒指数越高效果越好

防晒指数越高，防晒力度越大，隔离时间也就越长。因此很多人会过度依赖防晒指数高的防晒品。但是防晒指数越高，防晒品就越容易阻塞毛孔，给皮肤造成过度的负担。伊然建议大家根据不同的环境选择适合的防晒产品。如果是平常上班的话，选 SPF15、PA+ 的产品；如果在户外运动的话，选 SPF25-SPF35、PA++ 的产品；如果是到海边游泳时，则选 SPF35-SPF50、PA+++ 的产品。

只需用含 SPF 值的防晒品

SPF 是指防晒品产品预防 UVB 的指数，UVB 是促使皮肤变黑的紫外线，PA 值是预防 UVA 的指数。但事实上让皮肤晒伤和产生光老化的紫外线 UVA 对我们伤害才更大，它能穿透皮肤的真皮层，使皮肤老化松弛，产生细纹和皮肤癌。所以抵御 UVA 和 UVB 同样重要，选购产品时也要选择同时含有 SPF 和 PA 值的产品。

防晒产品涂抹越厚越有效

多涂一层防晒并不是说防晒霜涂得越厚越好。如果涂抹过多的防晒品，不仅会给皮肤造成负担，还容易造成毛孔堵塞，引发痘痘等皮肤问题。

儿童不需要防晒

小孩的皮肤比较柔嫩，对紫外线的抵抗力很弱，加上经常在户外玩耍，接触阳光的几率很高，防晒显得更重要。其实孩子的皮肤相对于成年人来说，更容易受到紫外线的伤害，只是积累的伤害在年龄大了之后才显现出来而已。

不测肤质就选防晒品

选防晒产品和选择护肤品一样，一定要因人而异。因为每个人的油脂分泌情况不同，油性的皮肤应该选择渗透性比较强的水性防晒用品，干性皮肤则应该使用霜状的防晒用品，中性皮肤一般没有严格规定，可以选择乳液状的防晒霜来使用。

临出门时才涂抹防晒品

防晒产品跟一般的护肤用品一样，需要一定时间才能被肌肤吸收。防晒中的有效成分必须渗透至角质表层后，才能发挥长时间的保护效果。所以出门前 10-20 分钟就应该涂好防晒产品。

老年人不用防晒

　　老年人体内水分比较少，皮肤的皮脂腺分泌减少，皮肤容易干燥萎缩，而且皮肤层变薄，防护能力比较差，在紫外线的照射下，老人的皮肤更容易形成斑点和其他皮肤疾病，因此老年人更应该注意防晒。

"我用毕生精力去建筑一所对抗时间的堡垒。"

——赫莲娜夫人（HR 品牌创始人）

我特别喜欢陶晶莹，不仅仅是同为主持人出身的行业情结，更因为她是一个懂得欣赏和品味自己的睿智女人。

记得她在节目上说过，她从小就是一个很骄傲的女孩。因为什么事情都争强好胜，什么事情都做得很好，所以从来不觉得自己有什么不足的地方。但是自从进入演艺圈后，由于外表不算靓丽，她在入行之初备受争议，服装师嫌弃她，化妆师嫌弃她，甚至连她最自信的音乐都被嫌弃。那个时候的她完全是被大家否定的。但是她并没有放弃自己，别人越嫌弃，她就越努力地往上蹦给人家看，最后凭借自己的歌声和风趣睿智，在音乐界、主持界成为了佼佼者。她说："别人都说我不美，但如果连我都觉得自己不美，那么我怎么可能还会美呢？"

人要懂得欣赏自己，才能够去创作自己。成功不是一个标本，可以按照模式批量生产，美丽也不是一个套路可以张冠李戴。别人的成功是因为他们找到了适合自己的运转模式。所以，亲爱的朋友们，你们也需要先好好地认识一下自己，然后找到最适合你的那条路，坚定地走下去。

· 美，就是做最好的自己 ·

第三章

经历曲折才能见开阔，经历风雨才能见彩虹

在选择从事美容事业时，我就做好了面对一切挫折的准备。因为这个行业本身就存在着很多不被理解、甚至是被误解的情况。

我和双鱼座的不解之缘

我特别相信缘分，相信这辈子遇到的每个人都是上天注定的。如果能够在有限的生命中遇到几个知心的朋友，那么你们一定是注定的缘分。

双鱼座名主播

我能认识这个知己，一直都觉得自己非常幸运。他是我在大学时代遇到的最真挚的朋友，直到现在也是。他是一个双鱼座的主播，也是我人生的第一个好榜样。他是当地知名节目主持人，对于当时我这样一个学电视媒体的学生来说，这个朋友就像是一个从天而降的大明星，心里对他崇拜极了。他说过的每一句话，他做过的每一个动作我几乎都想好好地模仿一番。就这样，在一种莫名、甚至是鬼使神差的缘分下，我和这个双鱼座主播成为了好朋友，他成为影响我一生、直至今日我都在模仿的生活榜样!

他就是张岩，现在陕西电视台节目主持人。他对我人生的价值观形成

和成长有着特别大的影响。

我13岁离开父母到西安读书，开始独立生活。在初中、高中和大学里，我一直都生活得非常随性，对自己谈不上什么束缚和管理。因为离父母比较远，一般父母对孩子的严厉批评和教育，这些需要在生活中被经历和发现的东西，我都没有真实地感受过。我不知道被父母夸奖是怎样的一种自豪，也不知道被爸妈批评甚至是挨打是怎样的一种心酸，这些都是我散漫生活时一直羡慕的东西。

因为长时间独立生活，我和身边的孩子有些不一样。很多小孩遇事会和父母商量，或者兄弟姐妹一起商量，但我只能选择一个人东撞撞、西撞撞，撞破了头再重新来。我对于事情经常会按照自己的想法处理，从不考虑这样做是否行得通，直到上大学认识了这个朋友。我们一起吃饭，一起逛街，他在生活上和学习上都极尽所能地帮助我，简直就成了我那段时间的"全部依靠"。

那个时候我的性格比较叛逆，经常会犯小孩子脾气。有次我们一起去银行办事，在排队等候的过程中，我不经意地将大堂的桌子碰倒了，和保安吵了起来。在回去的路上，他非常冷静地对我说："这件事情很小，我也不会说谁错谁对。但你要知道自己是一个什么样的人，要走什么样的路。如果那个桌子确实是你碰倒的，那么你就有责任。只要扶起来，说句抱歉就好了。可是你当时的反应却是矢口否认。我知道你是在保护自己，但是我们作为在社会上生活的人，需要学会的一点就是勇于承认和担当，要知道什么是是非对错。"后来再想一想，我才意识到当年自己的行为是多么幼稚。也许每个人在成长的过程中都会经历一个冲动和莽撞的时候，我非常幸运自己在这段时间里有这个好朋友陪伴，是他让我没有在人生的轨道上偏离正确的航线，也是他陪伴了我整个孤独和青涩的青春。

一个人出来上学之后，父母每个月给我的生活费都特别多，至少比同龄的孩子多。所以我从很小的时候就开始知道买名牌，那个时候就会买 800 元到 1000 元的鞋子。当张岩淡淡地问起来的时候，我都会骗他。他并没有当场戳穿我的小谎言，只是看着我说："你知道吗？金钱不重要，但却是我们在变得更强大之前必须要珍惜的东西。它可以帮助我们做很多事情，达到很多目标，当你真正靠自己赚钱的时候，就会知道每一分钱来得有多么不容易。金钱不是用来挥霍的，而是用来协助你完成你人生目标的，你要让每一分钱花得有价值。"

张岩是一个心思非常细腻、理性思考、感性为人的人。在我的身边，他永远像一个大哥哥。无论是生活还是学习上，他都非常细心地照顾和帮助我，如果发现我做错了事情，他也会像父母一样地批评我。在没有父母陪伴的时间里，是他给了我很多正确的批评教育和指引。有这个在身边鞭

咨成长的朋友，我很快地从一个什么都不懂，甚至有些顽劣和矫情的小屁

孩，成长为一个懂得分辨是非、懂得尊重和理解别人的人。靠着他的耳提

面命，我很快地将自己的未来定位为一个标准的节目主持人定格。在大三

的时候，我就已经是一个小小主持人了。

直到现在我都保持着这个习惯：一旦生活或工作上有什么想不明白的

事情，我就会给张岩打电话。因为在我的心目中，他是除了家人之外最亲

的人，可以说是他一手铺就了我现在的成功道路。有时候他会开玩笑地说：

"你把我身上的经都取走了，所有的优点都学走了，我以后得多向你学习，

多跟你去取经了。"

即使我们一年不联系，但是打电话的时候都能聊到最深入、最柔弱的

内心世界，因为我们这一路是一起走过来的。他陪我经历了父母离婚，经

历了父亲最大的变故，经历了人生成长——我的变化、我的第一次就业、

第一次工作、第一次上节目……可能很多孩子觉得是父母影响了自己，但

是这个朋友对我的影响却远比父母来得更加深刻。

双鱼好姐姐

我在发展的每一步，都相信金牛座天生会有贵人相助。就这样，我在

北京这个城市遇到了第二个双鱼座好朋友，她是我第二个人生榜样。

初来乍到，在北京漂的日子，我和大多数居无定所、辛苦赚钱的北漂

一样，每天早晨挤公交上班，忙忙碌碌，累得腰酸背疼，晚上回家吃口饭就想睡觉。每天周而复始地工作着，慢慢地有点丧失生活的目标了，直到和这位双鱼座姐姐的相识，我的生活状态才有了改变。现在回忆起来，好像没有什么比我们一起打拼的那段日子更能体会到幸福了。我们一起工作、一起拼搏，一起为未来和梦想努力着。她让我知道了人格魅力是怎样炼成的，知道了怎样与每个人相处得更好，知道了只要内心强，一切都可以包容……她就是我现在的上司，一个在我生命中非常重要的双鱼座姐姐。

她是从中央电视台出来的，身上的姐姐气质特别浓。我们在第一次见面的时候就一见如故，好像有永远都聊不完的话题。我介绍她来到我们公司，她的能力很快地得到了发挥和认可，成为了公司的高层领导。我和双鱼座姐姐有特别多的默契，也许只要一个眼神就能知道彼此在想什么。更多的时候她在我的生活当中扮演着人生指向标的角色。比如，最近我开始变得浮躁了，希望做到和得到的东西太多了，或者急于求成，这个时候她就会告诉我："你这样做是不对，应该平心静气地为大家、为公司想一下。"她从来没有跟我发过脾气，就算有再大的过失也不会。

她，1979 年，双鱼座，比我大八岁，和我姐姐一样大，在某些时刻她要比我的亲姐姐还要亲。记得有一次，因为接连半个月的高强度工作，我和她两个人的身体都有点吃不消了，在项目进行到最关键的时刻，我病了，整日整日地咳嗽。但是我根本没有时间看医生，也不能在这个时候去住院，于是只能硬挺着。她看到我辛苦的样子，非常心疼，在她少得可怜的休息时间里面，给我买药，帮我煮粥，细心地照顾着我。我真的特别特别地感动。有时候我们两个喝酒聊天的时候，我会提起这件事，她也不说什么，就笑笑拍着我说："谁让我是你姐姐呢。"于是两个人仍旧是相视一笑，彼此没有说出来的话都了然于心了。我们一起经历的从无到有的日子，一起流汗流泪的日子，现在想起来都会成为我们之间最默契和最有感触的幸福。

即使我们什么都没说，即使每次见面聊天都是嘻嘻哈哈地调侃彼此，但是也许只有我们自己才知道，我们是彼此最特别的朋友吧。

双鱼好包哥

这是一个善良而又优秀的"包大人"。你一定为我这样称呼他而在想象吧？他就是中国公关第一人——包一峰。他是中国公关界的领袖人物，是我的第三个榜样。那些你所知道的大明星都将包大人称呼得无比亲切。但大家眼中严肃的包大人，在我心里却是最善良最关心我的包哥。他欣赏我的努力，我欣赏他的拼搏，我们虽然不常在一个城市，梦想却是一致的。这位好哥哥除了对我无微不至地关怀外，更让我学习到他优秀的领导能力。

假如说我的双鱼姐姐帮我刷好了漆，建筑好了框架，那么里面装修家居的工作就全靠这个包老师。无论是在生活还是工作上，他一直给予我正确的指引。

在每个人的人生经历中，都会必不可少地出现一些帮助他的贵人。对于这三位一路扶持我的好伙伴、好朋友，好导师，我很感谢，也很感恩。性格外向而又固执的我，从一个少不更事的散漫少年，成长到现在能够给别人传授知识的美容讲师，这一路走了很多弯路，也遭受到很多打击。但是在每一个关键时刻，这些朋友们都给予了我最及时和最正确的指引，可以说如果没有他们三位，就不会有现在的伊然。所以这一路，我且行且珍惜，一直感恩着。

和我一同成长的年轻伙伴们，你们也一定有着非常与众不同、丰富多彩的人生，我相信在每一个重要的人生阶段，都有着那么一些人在默默地支持和帮助着你。所以，请大家不论走到哪里，都不要忘了和好朋友一起分享生活。毕竟相互扶持的人生才够完整，不论是朋友，还是爱人。

晒黑也分真和假

大家有没有注意到：我们有时被晒伤后，才过了十几分钟，皮肤就开始变黑。但是等到洗澡或采取修复措施之后，皮肤突然就又变白了。这样的情况其实是假晒黑。如果是真的被晒黑，即便采取再多的手段也不可能变回来了。

为什么晒黑还分真假呢？这主要是由黑色素引起的。当皮肤受到紫外线的刺激，体内的黑色素会迅速聚集起来，形成防护盾牌来抵抗紫外线的伤害。等到黑色素感觉危险解除后，它们就会自动散开，这样就形成了假晒黑。假晒黑往往出现于暴晒时间较短的情况下。如果在太阳下暴晒两三天之后，这时候的晒黑就一定是真晒黑了。

出现假晒黑，是因为体内存有较多的陈年黑色素。如果想通过使用美白精华去除，这是几乎不现实的，我们必须采用其他调理方法，加速皮肤的新陈代谢，才能够把陈旧黑色素除掉。新的黑色素形成大概需要三至四天的时间，这就需要我们与黑色素抢时间，多使用一些阻断性或还原性的美白产品，抢先抑制黑色素细胞的产生，这才是美白上策。

皮肤干燥，到底是缺水还是缺油

水油平衡是皮肤保养的关键要素。在日常生活中，我们的皮肤会自然排泄水和油两种物质，而只有当两者达到平衡时，皮肤才会健康水嫩。但是，皮肤究竟是缺水还是缺油，我们真的知道吗？

怎样判断皮肤是否缺油

在正常的清洁洗脸之后，暂时不涂抹任何保养品，5 分钟后用吸油纸按压额头、鼻子和下巴这些皮脂腺分布集中的部位。如果吸油纸上的油分较多，表示皮肤完全不缺油，需要继续为肌肤补水；如果吸油纸上的油分一般，表示皮肤不缺油，只需使用清爽的保湿乳液即可；如果吸油纸上几乎没有什么油分，表示肌肤已经缺油，至少要开始使用保湿面霜。

缺油了该怎么办

若是干性肌肤，最好的方法是增补油脂，选用一款油包水质地的面霜即可。如果是油性皮肤的话，就要选择水包油质地的面霜。

怎样判断皮肤是否缺水

正常的清洁洗脸之后，仔细观察自己的皮肤状况，如果发现额头、双颊或者眼角下出现细纹，表示皮肤已经轻度缺水；如果感觉皮肤紧绷，摸起来手感比较粗糙，看起来肤色不均匀、暗沉，表示皮肤中度缺水了；如果皮肤已经出现脱皮、松弛、缺乏光泽、容易脱妆等现象，则表示皮肤重度缺水，就需要赶快想办法补水。

怎样进行肌肤补水

保湿品并不能起到补水的作用，这是由于保湿和补水是两个概念。即使用了保湿产品，皮肤也有可能是干干的。此外，我们一定要知道自己皮肤干燥的原因在哪里，这样才能对症下药，同时要正确选择补水保湿用品，在购买之前可以多咨询一下相关产品的护肤专家。

如何区分过敏肌与敏感肌

（一）原因：

1.敏感：皮肤敏感分为先天性和后天性。先天性敏感主要与遗传基因及个人体质有关。后天性敏感则主要由保养不当、滥用化妆品、太阳暴晒、风沙吹打和换肤等外在因素有关。

2.过敏：易于过敏的皮肤主要是由食物因素、季节因素、药物因素、化学品因素、遗传因素等引起的。

（二）特征及临床表现：

1.敏感：敏感肌的皮质层较薄，皮肤脆弱，毛细血管较多，皮肤容易发红，有时会出现小红疹的现象。

2.过敏：皮肤过敏时皮肤会充血、发红、发痒，严重时会出现红疹、过敏性面疱，甚至是脱皮、水肿的现象。

（三）二者的关系：

1.敏感：如果没有采用正确的方法加以呵护，敏感性肌肤容易出现红、热、痒等症状。一旦盲目使用含激素类的外用药，则会使敏感性肌肤转变为易过敏肌肤。

2.过敏：易过敏肌肤有可能是偶尔过敏后引起，但大多数过敏肌肤前期多有敏感肌肤的症状。

（四）预防及治疗措施：

1.对于敏感性皮肤，应避免食用容易引起过敏的食物，减少使用药物化妆品等；避免接触热、碱、电流刺激；不要过度磨擦；防止紫外线照射。平时可以用温水洗脸。

2.一旦皮肤发生过敏现象，最好的办法还是就医，请医生对过敏原因进行诊治，对症下药。切勿自行用药，以免造成皮肤进一步过敏，甚至产生更为严重的脱皮等现象。

真美有种"质朴"的力量

真正的美不是标新立异，而是顺应潮流。

在这个满大街都是人造美女的年代，我们似乎都已经分不清到底谁是纯天然美女、谁是后天打造的了。为了追求美，大家各出奇招，不怕伤，不怕痛，为了美不惜一切代价。这种对美的极致执着，也许是因为每个人对美的理解不同，但却不是对美的最终诠释。我们应该正确理解整形，并找到适合自己的方式，才能够真正享受美。

关于整形的基本认知

我希望大家对整形的认知能有所改变。整形是让自己更完美，但一定要去正规安全的地方；一定要美出自己，而不是要整成谁的样子；不是流行与追随，而是不断地美化自己，让自己更加自信。

因为我的颧骨比较高，刚刚入行的时候也不知道什么是美，就盲目地磨了颧骨。有个朋友一直都没有见过我本人，对我的认识一直停留在电视机里的样子。突然有一天他见到了生活中的我，说了一句对我打击特别大的话："你的脸好像烟斗锅盖一样。"爱美的天性，加上永远不服输的个性，我容不得别人说出自己一点不好。有人建议我可以去做丰太阳穴。

那个时候男孩子整形还不那么容易被接受，我就去丰太阳穴了。

我一直以为这是个很简单的手术。医生告知是自体脂肪吸脂，我就没有继续问下去；医生说当时做完就可以上班，我特别开心地相信了他。当时的我根本不知道自体脂肪吸脂是什么意思，包括医生给我注射的是什么东西，医院是不是有安全资质，这些都不清楚。

但事实上，我做完这个手术之后，在床上躺了四个小时都没有起来。这是一次非常痛苦和失败的过程。我觉得自己好像试验品一样被翻来覆去。医生不停地找脂肪，不停地吸，把我身体上的脂肪推到肚子那里，再抽取出来。我能看出粗粗的针管里面有被吸出来的血和油。吸脂和自体脂肪注射不一样，吸脂是抽出来就扔掉，而自体脂肪注射则要提取最优良、最能与身体吻合的脂肪，要达到一定的热度和饱和酸。而抽离出来的脂肪也会死，机器需要将脂肪剥离，将能够存活下来的脂肪注入需要整形的部分。当进行面部脂肪注射的时候，噩梦就开始了。刚开始打的时候没有难受的感觉，但是我能明显感觉到，针在推进去的时候，脸是鼓起来的。之后医生开始不停地推拿，注射；再推拿，再注射。这样反复的动作，让我仿佛经历了漫长的一个世纪，我真真正正地知道了什么是痛。

手术完成之后，医生为我打了吊瓶，说马上就可以上班。但我知道这根本就是骗人的。当时的我连动都动不了，腹部疼得要命。麻醉的药效结束之后，一整夜睡不着觉。第二天去打吊瓶的时候，连出租车都上不了。直到第三天也没办法上厕所。身边的朋友包括我自己都希望能看到一个好的成效，毕竟我承受了这么大的痛苦，总归有一个蜕变才会让我感觉值得。可是 10 天之后，那些脂肪居然都被吸收了！医生给我的解释和之前所说的完全不一样。他说，15 天之后再来做一次效果会更好，因为脂肪本身就是非常容易消失的。我很气愤，难道还要经历和上次一样的痛苦吗？为什么之前没有告诉我这些自体脂肪会消失呢？

我觉得自己受到了非常大的伤害，这个伤害来自于身体所承受的巨大痛苦和侮辱，以及心理层面的被欺骗感。但是即使经历了这样的痛苦，过了几天之后我又恢复了斗志，去把颧骨给磨掉了。新的形象让大家觉得我变得很阳光。现在的我仍然坚定地继续在这条路上奋斗着，我坚信为了美，可以对自己狠一点。

那段时间对整形的痴迷，带动了我身边朋友的整形热。朋友要把鼻子垫高，我就带朋友去打针，但也是因为没有咨询清楚，也没有询问填充材质，导致朋友的鼻子打完针消肿后，变成了大粗鼻子。虽然可以通过二次整形去完善，但是这个伤害却已经造成了——植入的材料已经和内部的结构组织长在了一起。如果要再做手术，就需要把皮肤重新打开，把里面的东西一点点地刮开，这个痛苦要比之前的严重十倍，恢复期也会更加漫长，而且皮肤的组织细胞也受到很大的损害。

我决定把这些故事原原本本地讲出来，就是希望大家在选择微整形、或是其他整形之前，必须咨询清楚，将过程和原理了解透彻再做决定。现在好多女孩做下巴、鼻子之前没有咨询清楚，使用非法的非安全材质，导致手术失败。不仅承受了痛苦，新的东西也脱落下来，给自己造成了无法弥补的损失。尽管现在的科技水平发达，医疗技术手段也非常高超，但是选择的时候一定要慎重，并且需要咨询清楚，知道什么是可以做的，什么是不可以碰的，选择一个安全的、适合自己的方式。

无论是很多明星艺人都在做的黑脸娃娃、白瓷娃娃，还是大家在日常生活中经常听到的光子嫩肤、像素激光，每一项整形手术都有各自的功效。之所以有人会前扑后继地选择这些具有一定风险的手术，就是因为他们希望让自己变得更加自信，把更好的形象呈现出来。

像素激光和光子嫩肤，这两者看似都是激光，但还是有很大区别的。例如在做像素激光这个手术之前，一定要做好充足的思想准备。做了手术之后，你对待生活和工作的态度都要做出很大的改变，如果还用以前的生活习惯来对待自己的皮肤的话，你会毁容的。这是因为，激光本来就是破坏了原来的皮肤组织结构，让你长出新的皮肤。新皮肤长出来的时候，你一定要给它一个好的生活环境、外在环境、内在环境、饮食环境、休息环境和居住环境。例如外在环境，不能受到强烈的日光照射，至少两个月内不能去海边，否则你的皮肤会回到原点，甚至比以前更差。新生的皮肤非常娇嫩，一旦受到日光和其他伤害，等于遭到了二次破坏，恢复起来会需要更长的时间并采取更多的措施；再比如饮食和生活环境，你绝对不能吃刺激的食物，而要吃一些有修复作用的水果，不能吃辣椒，也绝对不能熬夜。

光子嫩肤的情况也是类似的。很多人认为在做完光子嫩肤之后，皮肤就会变得更好。其实不是的，皮肤仍然靠你后期的认真保养，每天做面膜，每天和懒惰做斗争。因为做完后脸上的水分很快就会流失了，新的细胞还没有被培养出来补水、锁水的功能，没法帮你锁住水分。所以你才要不停的补水。所以，选择像素激光和光子嫩肤的人一定要做好充分的准备。

另外，经常打瘦脸针的人很容易出现一个状况，那就是不停地喷口水。当然随着药效的消失，这个状况也会慢慢得到改善。

之所以讲述这些故事，是因为我希望和大家分享自己的经验让大家在做选择的时候能够更加清晰和理智，不是讳疾忌医，不是什么都好，也不是什么都不好。任何事情有其相对性的一面，所以选择最适合自己的就对了。

整容手术的"三大纪律"

1. 该不该做整容手术？

整容手术分为许多种。根据自身的不同情况，我们需要选择针对性的方案进行手术治疗。想要通过一个手术来解决所有的问题，这几乎是不现实的。我们在决定要做手术之前，一定要经过专业的医生进行诊治判断，

这包括：身体状况是否能够做手术，术后会不会出现适应症或者并发症等。这些禁忌一定要事先确认清楚，综合衡量各种风险，再来决定自己是否适合做整形手术。

2. 该怎样做整容手术？

决定要做手术、也能够做手术以后，需要考虑的就是选择手术方案了。针对解决同样的症状问题，不同医生可能有不同的意见和方案，手术效果也会相应存在差别。为了能达到自己最满意的效果，做手术之前一定要尽可能地把自己的意愿和需求表述清楚，尽量与医生进行充分地沟通和交流，了解有关手术情况、术后情况以及有可能发生的状况，这样才能够最大程度地按照我们的方向和意愿进行手术。

3. 该什么时候做整容手术？

选择整容手术的最佳时机，是我们对所有情况都了解清楚，对于手术的步骤及术后情况都安排妥当，并选在身体的最佳时期进行，这样才不会仓促上阵。不然无法达到理想的效果，到时候再后悔也来不及了。

整容手术的"四项注意"

如果已经决定了要做整容手术，接下来我们就应该对整个手术的过程、内容和结果做好充分准备，在良好的心态下接受治疗，以期达到最佳的术后状态。

术前注意两种预算：时间预算 + 经济预算

整容手术是一项非常专业的手术，因而价格通常较高。很多朋友在做手术的时候都比较看重经济预算这一块，但往往忽视了时间这一概念。如果时间预算过于紧张，很可能会影响术后的恢复效果，甚至也会造成经济问题。

术前注意两种准备：心理准备 + 身体准备

心理上准备不充分，就会紧张害怕；身体上准备不充分、该做的准备工作没有做，势必影响手术。有些人在心理和身体都没有做好准备的情况下，就盲目乐观地接受手术。对于手术过程中身体需要承受的疼痛预估不足，从而产生恐惧紧张的状态；对于术后效果盲目乐观，可能会出现对手术不满意等情况。因此如果决定做手术，就要事先把所有的情况都预估清楚，不打无准备之仗。

术后注意两种改变：外形上的改变 + 心态上的改变

对于手术结果在术前都应该有一个预估，术后也需要一定的恢复期，在此期间的肿胀、淤血、疼痛、容貌改变、不能出门、不敢见人等身体和外型上变化，都会给心态上带来很大的影响。

术后注意两项工作：认真护理 + 耐心等待

手术的成功仅仅是成功了一半，整个术后的恢复期，是成功非常重要的另一半因素。力求最佳的术后效果，这需要有健康的心理状态和精心的术后护理。这就要求我们必须谨遵医嘱，严格按照医生要求的术后护理来操作，如果有问题也要及时与医生进行沟通交流。而且术后恢复其实是一个非常漫长的过程，一定要有耐心，不能着急，要以积极的心态来迎接术后最佳恢复效果的到来。

你用过"包治百病"三无护肤品吗？

广告宣称可以迅速见效的产品当然诱人，我也曾经在天花乱坠的护肤品世界里成为失足青年。努力养成好的保养习惯很重要，但是慧眼识英雄更关键。你选择购买的第一款护肤品是什么？有没有过一些荒唐的经历呢？

我曾经有过一段难忘的经历。在2007年的夏天我前往土耳其度假，在一个气温快达到40度的炙烤天气，和当地的朋友在聚会时聊到了一款神奇的护肤品，用中文解释大概就是以羊胎盘为主要成分的产品，使用之后就会变成婴儿般的肌肤。我相信了，一时将此护肤品的经销人联络电话留下，第二天就用千元的价格买回了这个系列的护肤品，准备麻雀变凤凰。

可是这个护肤品仅仅只用了简单的塑料瓶装，无品牌、无成分功能表，更不用谈资质，就是最直白的三无护肤品。但我还是做着"变身的"梦将之带回家使用。打开瓶子第一层如他们表述是蜂蜜，第二层就是最重要的羊胎盘。等到涂抹完十分钟之后，我感觉就像被扔进了火炉里，全脸发热，紧接着皮肤刺痛，整个人剧痛得几乎休克。我第一时间赶去了最大的医院，医生诊断是由于严重过敏导致的皮肤严重灼伤。晴天霹雳！我原本的度假时间都在治疗中度过，配合了医生的输液及各种面部敷药，15 天之后皮肤逐渐康复，皮肤科医生也将所用的这款护肤品试试给我看。天哪！这是几乎接近硫酸浓度的果酸成分护肤品。果酸对皮肤有很大改善，可以换肤，但对于使用量、使用方法和产品本身浓度都有很高的要求。这个经历我直到现在都觉得后悔，自己因此变成了耐受性极差的敏感性肌肤。这是一场惨痛的教训，让我明白一定要在了解之后再使用，将有益的护肤习惯融入生活。

我的整形晕厥记

其实我是好奇心特别强的人，什么都想去尝试。在微整形热的时候，我第一个去尝试的就是瘦脸肉毒杆菌。当我约好整形医生走进医院的时候，幻想着前方是更帅气的自己。直到我被带进治疗室，做过各种消毒后，护士注射瘦脸针的方法竟然是将针头在咬肌中来回搅动！天啊，针还插在我的脸上，针管就被拔出来了。我浑然不知地晕过去了。等我醒来，全身都是汗，就像晕车一般地恶心。医生拿来能量葡萄糖让我喝，缓过来会儿又继续对另一边脸注射。事后想想，晕厥的原因之一是我从小怕打针，当天又忘记了吃早餐；第二是医生的注射手法完全就是错误的。其实瘦脸针就是肉毒杆菌，注射不成功可能会引发生命危险。如果有需要，你一定要去找最专业的整形医院和有上岗资格证的整形医师，千万不要拿自己开玩笑。

揭秘五大热门微整形的后遗症

微整形不同于整形，风险和疼痛都比整形要小得多。因此很多人选择通过微整形的方式，改变自己的面部皮肤和轮廓上的微小瑕疵。微整形以无需手术、操作简单、痛苦较小、效果明显等特点，成为时下年轻人热力追捧的一种美容方式，所达到的效果是大多数保养品都无法比拟的。但其仍然存在着一定程度的危险，有些后遗症不容忽视。

注射肉毒杆菌：容易造成面部不对称

随着年龄的增长，人的皮肤代谢功能会变得缓慢，从而出现缺乏弹性和松弛的现象，也会有一些非表情纹的静态纹路产生。这个时候可以通过注射肉毒杆菌来帮助消除这些纹路，以达到减龄的目的。

肉毒杆菌主要作用于肌肉，通过阻断肌肉中神经间的传导来发挥作用。因而即使产品质量过关、操作医生的技术精湛，有时也无法避免地会产生面部表情僵硬、左右面部轮廓不对称的情况。

玻尿酸填充：皮肤肿胀、瘙痒

玻尿酸是存在于人体皮肤及结缔组织中的物质。通过注射玻尿酸或者其他胶原物质的方式来填充隆鼻是较为常见的微整形手术，安全系数相对来说也比较高。

虽然通过注射玻尿酸能使鼻子的轮廓更加挺拔，五官更为立体，但是因为市面上的注射式玻尿酸填充成分治疗参差不齐，与人体的皮肤组织亲和力不够，容易造成皮肤瘙痒肿胀或者其他的排异反应。

激光美容：紫癜

通过激光可以淡化痘痕，消除皮肤表面的凹凸不平，还能达到祛皱美白的功效。激光美容可用于除皱、美白、淡化痘痕等肌肤问题的治疗。通过激发皮肤内部胶原蛋白的大量增生，用以消灭黑色素细胞，起到快速理想的美容效果。在激光治疗后，皮肤黏膜可能会因为出血受损而发生紫癜，并伴有凹凸感，初期为紫色，继而变成深红色，大概两周左右可自行淡化。

自体脂肪移植：肌肤轮廓凹陷不平

相较于其他填充物，自体脂肪移植的安全系数高。因其使用的是自身的皮肤组织，通常不会出现排异反应。自体脂肪移植术一般用于填充塌陷的双颊、太阳穴或丰胸等项目，需要抽取大腿的脂肪组织，经过细胞活跃度的筛选，将符合标准的脂肪注入需要改善的部分。

自体脂肪移植对操作者的技术要求比较高，需要医生精细地将填充物注射入皮肤内，并且要保证填充效果。由于自体脂肪很容易被皮肤吸收，因此术后的整合情况也会直接影响到整形效果。如果整合情况不好的话，很容易出现皮肤凹凸不平的现象。

美白针：白斑、血栓

俗话说一白遮三丑，哪个女生不希望自己的皮肤白白嫩嫩呢？所以美白针大受欢迎是有必然性的。美白针中的主要成分是高浓度的抗败血酸、谷胱甘肽及凝血酸类物质，通过抑制络氨酸酶，消除细胞内部炎症，还原细胞氧化来"漂白皮肤"。

由于具有较强的抗氧化性，注射美白针可能会破坏正常黑色素细胞的活性，从而导致白斑的产生。另外，凝血酸作为一种止血剂，可能会引发皮下血管阻塞的问题，因此在使用前一定要综合身体因素考虑是否适合此项微整形手术。

适合自己才最美

刚开始做节目的时候，我并不是像现在这样侃侃而谈的，最大的敌人就是面对镜头时的紧张感。我在第一次主持的时候紧张得不行，所有的话都被别人抢完了，下台之后茫然不知所措。于是我拼命地背各种资料，记录各种成功人士的语句，让这些知识都能够为我所用，希望自己有一天能茅塞顿开，在台上可以侃侃而谈、应对自如。

直到我碰到了一个 90 后的女孩，对我产生了非常大的触动。这个女孩在帮助投资人做一个关于情趣用品的项目。她在介绍产品时说："看似这是一个人类不可揭开的隐私，但其实并不是不可触碰的，更谈不上隐私。情趣用品已经成为生活中一种必不可少的物品，被大家广泛使用。它会改变人与人之间的感情，打动男人对女人的真情，为什么？一个男人想得到一个女人，会因为性，但同时也会因为性而不喜欢一个女人。现在的年轻一代，男人缺乏责任，女人也缺乏责任，可是有一天当男人和女人都能够自我满足，女人不需要男人来满足自己的时候，男人就能学会珍惜这个女人。"她的这一番话真心触动了我。我开始在想，为什么她能发现这些东西，而我没有。她之所以能够打动投资人，用 1700 万的投资去支持她正在做的事情，一定有着与常人不一样的思维。我非常愿意从这样的人身上寻找和学习自己缺失的东西。

这个女孩突然让我顿悟：原来我缺少的不是自信，而是对正在做的这件事情的正确认知，我并没有从根本上了解这个行业，不明白它真正想要体现的是什么，所以才会紧张和不自信。于是，我开始大量阅读背诵，用这些加强记忆来充实我对这个行业的空白点，在熟练掌握并运用自如之后，我便好像一夜之间长大的孩子，变得不一样了。

为爱而美

我曾经疯狂追求过一个人。她喜欢身材比较壮的男生，我就拼命地锻炼，吃蛋白粉和增肌粉，三个月内长了十四斤；她的微信、微博，朋友圈里说了什么，我会第一个看见、第一个留言；也为她订制了一套属于她自己的东西。有过健身经历的朋友会知道，加重量完全是在痛苦中拼命挣扎，一旦目标不坚定，重量是根本举不起来的，肌肉也就没有更大的发展空间。但是我给自己一再鼓励，一定要追到她，于是不断加重量，不断在痛苦和力量中做坚持。

我会为了爱人付出很大的代价，甚至愿意为了她舍去自己的资产。逛街的时候我会时时刻刻地想着她，买衣服也想她，买台灯也想她，买袜子也想她，买家居用品也想她，甚至没有我自己也可以。也许对方会有压力，但是这种真心付出是改变不了的，我愿意为了对方的一句话奋不顾身。如果我喜欢你，我跟你吃糠咽菜也可以；如果我不喜欢你，你给我金山我也不稀罕。

金牛座这份对感情的执着，有时候会把自己禁锢在一个牢笼里，不能自由呼吸。但或许也正是因为这些感情，让我有种负累感，让我将大部分时间和经历都投入到工作中。在工作状态中的我如鱼得水，更能找到自我的平衡点，我也更加体会到自己对这份工作的热爱。

了解你们不容易，亲爱的女人

美容路上的各种"披荆斩棘"让我真正爱上了"女人"这个课题。虽然我是护肤专家，在和大家分享有关肌肤和美容话题的同时，也愿意和大家分享一些情感、工作、生活上的话题，帮助女性朋友更了解自己。

我知道这些话题是女性朋友喜欢讨论而又不好意思讨论，但实际又是亟待解决的问题。在一次高层领导女性的讲座上，讨论的主题是"肌肤怎样更美丽"，但是在一番关于护肤问题的交流后，那些位居董事长、总经理的高层女领导，开始与我聊起她们的内心，聊起了她们的感情、婚姻和家庭。让我记忆最深的是，其中一个姐姐含着眼泪在众人面前讲起自己心酸的失败婚姻，讲完了之后，周围的人一起给她鼓掌。

每当这个时候我都会非常感动。因为我不仅仅帮助她们找到了美，同时也可以让她们打开了自己的心扉。我带给大家的是信任，大家愿意将闭塞的内心敞开与我分享，我也更愿意做大家坚实的肩膀，而不是大家眼中那个柔声柔气姐妹般的护肤老师。

伊派胡言：美丽是心灵的收获

每个人对美的理解不同。我认为外在护肤和内在护理固然重要，但决定这一切的更在于你的信心。在每一次做顾客和产品销售策划的时候，我在第一时间告诉自己内心的是"你一定行"。心里认可，护肤工作才能事半功倍，美丽也是一样，这些都是自己给予内心的能量。并且独美美不如众美美，你只要乐于分享内心的快乐和美，那种一起交流的感受是不一样的。我从不吝啬自己的独家绝招，认为分享的时候才最快乐。

2013 年 1 月，有一个女孩在微博向我求助肌肤问题。通过交谈，我发现她已经不仅是简单的肌肤困扰，而是从内心层面有了疾病。我深知痘痘肌肤对人的心理产生的影响。于是，我带她进行了中医调理、护肤品选择和美容院检测，还为她调配了一些独家秘方。那段时间里，我几乎是她心里最重要的"十万个为什么宝典"。她的很多问题，只要我工作不忙，就会第一时间为她解决。一个月之后再见面，她远远走来的状态已经大不一样，她的自信和肌肤的改变让我感动，也使我更知道了自己职业的重要——除了美丽，更多的是心灵的收获。

在"中国美大调查"中，仅有 4% 的女人用美丽来形容自己。究其原因，不同的社会文化、不同的个人和社群都有着迥异的审美观。所以对于什么是真正的美丽，没有一个标准的定义。从心理学角度分析，女人的美丽是由内而外散发出来的，自信、乐观与自我欣赏的态度才是一个女人保持恒久美丽的秘方，内心的本我认同才是美丽的源泉。

女性朋友是时候行动起来了，让自己的美丽从内心散发出来！

美丽贴士 1

经常夸赞自己欣赏自己，昂首挺胸对镜子告诉自己"你是最美丽的！"

美丽贴士 2

经常鼓励、夸赞朋友，朋友在得到肯定的同时也会同样鼓励、赞扬你。

美丽贴士 3

没有丑女人，只有懒女人，善待自己从点滴开始：早上深呼吸，化个精致的淡妆出门；每天给全身一个 SPA 般的呵护，让自己的美丽由内而外，如水般漾出来。

美丽贴士 4

无敌观点：率性地做真实的自己，坦然地享受生活。林无敌关于美丽的观点很值得借鉴：一个女孩最动人的地方，就是她的真实。千万不要矫揉造作，释放出内心纯粹洁净的美丽，做个率真的自己吧。

用美丽去影响别人

美可以扩散、传播和改变

我很庆幸自己选择了这个行业，让我能够认识美，了解美，甚至传播美，让每一个想要生活有所改变的人，能够通过我找到一个简单的方法，去完成他们对于美的追寻和梦想。

我相信一句话，"自救者天助"。就是一个人在遇到困难的时候，首先不要先去四处寻找别人的帮助。我很早就开始了独立生活，也经历过很多困难，有时几乎到了走不下去的地步。但是当生活寸步难行的时候，一定会有一条新的路出现让你去走。人生的路上谁都会犯下错误，我相信任何人都不会是一帆风顺的。只要对错误及时修改，那你就会是最好的。我很感谢过去的那些困难和波折，正是它让我变得强大，帮助我更好地经营以后的人生。

我是一个对自己要求特别严格的人，在人生的任何时候好像都在绷紧一根弦。很多同事在放假的时候会一起玩儿，但是我都不会。我在这一年里天南地北各处飞，直到现在都没有休息过，甚至有时候把自己累病了，累到走几步就需要休息一下的程度。开始的时候我认为是得了感冒，在医

院连打了四针都没有效果，后来才查出是支气管炎，之前用药不对。那个时候整个人的身体很虚，吃不了任何东西。爸爸非常心疼我，说："伊然，你不要太辛苦了，该休息的时候就要休息。"但是我的性格就是这样的，为了做成一件事情，会非常非常拼，放松的状态反而有点不适合我。生病时的脆弱完全改变不了我拼命三郎的个性，身体恢复之后，我又像个小钢炮一样四处去冲锋陷阵。

很多人想要的是一种安稳的生活。但是安稳对我来说是什么呢？也许是目标，也许是高度。在追求拼搏的时候会发现，这是一条永无止境的路，真的需要心态去作调整。很多人会认为我做到这个位置就够了，可以维持现状。但是我却做不到，我会没有安全感。有的人累的时候可以靠在父母或者爱人的肩膀上，有一个心灵的栖息地，但是我没有，这种孤独有时也是我对自己的禁锢，我不愿意依靠别人，我想让自己强大。

有的时候我会用物质来衡量自己是否活得成功，是否幸福。但是夜深人静的时候我也会问自己，除了这些你还拥有什么，你真的是幸福的吗？

我和同事的相处之道

新助理的加入让我的工作轻松了许多，他也让我有了很强的精神依靠。我们私下里虽然是很好的朋友，但是在工作上我会非常严格地要求他，也愿意真诚地指导他。他是天秤座，性格有点不温不火，缺少决策性。但是他做事非常认真努力，也是非常需要鼓励的类型。从他的身上，我看到了自己刚入行时的很多特点：拼命努力，找不到方向，被领导批评时无助和迷茫，可能连自己错在哪里都不知道。

我对他工作的要求非常严格，会严肃地告诉他应该注意到的细节。我认为不论是对待工作，还是对待同事，都应该持有这样严谨的态度。再小的事情，一旦出了差错就可能影响全局。这种危机感和鞭策意识，也许刚开始会让人无法接受，或是太过严厉，但这些其实都可以成为日后成长的精神粮食。当年的我就是这样一点一滴地被训练出来的。

但是前些年我受过一次很大的打击。这些小孩开始一起孤立我，用他们特有的语言方式交流。当我想和他们相处的时候，发现自己已经融入不进去了，会被狠狠地推出来。在那个瞬间我突然意识到，在用自以为正确的方式去帮助他们适应工作、快速成长的时候，我的言行可能已经深深地伤害了他们。但是，我也渐渐地理解了这些年轻人的心态。他们还生活在父母供养的温室中，并没有生存压力和危机意识。现在我也尝试着让自己改变过来，以前我可能偶尔会像小孩子一样发脾气，但是现在我更愿意耐心地说，去做给他们看。

对于身边的同事也是一样。假如他的工作状态没有办法达到我的要求，我会尽量支持和帮助他，用鼓励的方式让他成长。我特别愿意把自己的工作人员带在身边，让他们接触到我正在接触的交际圈，使他们了解到正确的沟通和交流方式，在交际中自己摸索。其实这样做能够学到很多东西，我也希望通过这样的方式，让这些伙伴们慢慢地成长起来。

生活、工作肯定会有矛盾，但最重要的是懂得翻篇。如果太过在意的话，就容易纠结在老问题上。人需要慢慢地寻找自我存在的价值，家人、朋友、同事、爱人……每一个围绕在身边的人都是必然的存在，处理好这其中的关系也是我们一生都需要研究的课题。无论我在专业领域里面多么优秀，在生活这个大课题面前，我需要经历和磨练的还有很多。

女性美容的三大黄金时期

1. 睡眠修复期

人们常说要早点休息，而睡眠真的对皮肤具有修护作用吗？事实上，皮肤在夜晚的主要工作就是代谢和修复，因此晚间护肤的效果肯定会比白天好。如果想针对皮肤的状况加以护理，一定要抓紧晚上的黄金修复期，使用温和的洗面奶清理皮肤之后，敷上清爽的护肤水、晚霜和护肤精华，让皮肤美美地睡上一觉。第二天早上皮肤就会恢复弹性，变得光滑水嫩。

KEY1: 皮肤清洁要彻底

肌肤在白天承受了来自多方面的压力，到晚上的时候需要彻底卸妆、做好清洁，这样才能够使皮肤自由呼吸，并且充分吸收护肤品中的营养物质。记住，一定要使用温水洗脸，并选择温和的卸妆产品和清洁产品。

KEY 2: 做好夜间护理

皮肤在晚上的自我修复能力是白天的数倍，因此选择营养充分的晚霜对于皮肤来说非常重要。选择一款适合自己皮肤的晚霜及精华，第二天醒来时一定会收到意想不到的效果。

KEY 3: 多给疲劳肌肤做按摩

轻柔的按摩可以帮助皮肤进行新陈代谢，从而使得保养品的营养成分得到更充分地吸收。因为皮肤是具有记忆功能的，如果长时间处于疲劳和松弛状态，时间一长，老化的速度就会加快，皱纹的生长速度也会加快，想要恢复紧致效果就需要大费工夫了。多给皮肤一点轻柔的提拉和按摩动作，可以恢复肌肤紧致，增加弹性。

KEY 4: 抓准时间，效果翻倍

皮肤美容的黄金时段是晚上 22 时到凌晨 2 时。如果在这段时间能够进入深睡眠，帮助身体各部分的血液回到皮肤层，给皮肤带来足够多的营养，就可以加快肌肤的新陈代谢，延缓衰老。所以睡好美容觉对于皮肤而言非常重要。我们可以在卧室里使用香薰或精油，来促进获得更好的睡眠效果。

2. 经期大变身

据统计，女人一生平均来月经的次数多达 400 余次。其实女性生理期也是皮肤的"变身黄金期"。生理期时，女性体内雌性激素和孕激素分泌量下降，对皮肤起到了非常精妙的调整左右。

丰胸（月经 1—3 天）

月经第 1—3 天，卵巢雌激素的分泌达到峰值，可以刺激乳房脂肪积聚，因而是丰胸最佳时机。这三天多吃猪蹄、土豆、大豆和坚果，搭配正确的按摩手法，可使丰胸效果提高三倍。另外，钙也可以刺激雌性激素的分泌，在"好朋友"来前的两天就开始服用钙片，能够间接起到刺激分泌和丰胸的目的。

瘦身（月经最后两天）

常听朋友说，"好朋友"来了之后可以随便吃，怎么吃都不会胖。这个说法并不是完全没有道理，但一定要吃对时间。月经的最后两天和结束的一周时间被称为"减肥高效期"。对于体内摄取的脂肪，分解效率要比平时高 2%。

如果在月经最后两天增加一些体能的训练，如每天练习瑜伽 20 分钟，快走 15 分钟，增加小幅度拉伸训练，月经后 1 周内，每天进行半小时慢跑、骑自行车或爬楼梯等有氧运动，减肥效果会更好。

排毒（整个月经期）

月经期间是最好的排毒养颜时间。在此期间，女性体内会分泌一种比细胞还小的蛋白酶，蛋白酶能够分解身体内的毒素，使血液从弱酸性转向弱碱性，达到有效排毒的目的。在月经期间，要保证每天充足饮水，多吃点粗纤维的食物，用以帮助身体代谢有害物质。

护肤（整个月经期）

有些女性朋友发现，月经来临之前脸上会长痘痘，但是月经期间的皮肤反而变得柔嫩光滑。这主要是因为月经初期，由于体内雌性激素变化的原因，皮肤油脂分泌会增多。这个时候使用一些高保湿效果的护肤产品，可以有效平衡皮脂的过度分泌，起到护肤的良好功效。

3. 产后恢复期

都说女人有两大蜕变期，一个是从女孩变成女人，一个是从女人晋升为妈妈。这两大黄金蜕变期，都是女人转变的重要时期。妈妈怀胎十月生下宝宝之后，对身体的损耗非常大，所以一定要在这段时间做好精心的护理和调养，不仅能够帮助恢复生宝宝带来的气血亏损，还能够改变女人的整个身体机能情况。

产妇调理主要从饮食方面入手。产后需要进补，但如果进食过多，产妇无法消化吸收，反而会引起肥胖。另外食物品种也要多样化，做到荤素搭配、营养平衡。

爱美之心人皆有之，产后的妈妈应该怎样健康减肥呢？

(1) 多吃细软的食物

产妇的饭要煮得软一点，少吃油炸的食物，少吃坚硬带壳的食物。过硬的食物一方面对牙齿不好，另外一方面也不利于消化吸收。

(2) 多吸收水分

产妇的汗排泄较多，体表的水分挥发也比平时大。多喝水也可促进母乳的分泌。

(3) 根据身体情况，计算一天所需要的卡路里

未分娩的妇女一天消耗卡路里大约为 2100 卡，哺乳期的妇女一天大约需要 2500 卡，而哺喂牛奶者一天需要大约 2200 卡。产妇可根据自身情况来决定所需的热量。

(4) 尽量少吃辛辣油腻的食品

辛辣的食物容易上火。对于产妇来说，辛辣刺激性的食物是一定不能碰的，不仅容易引起口疮、便秘等症状，也会影响奶水的质量，造成婴儿内热加重。因此孕妇在哺乳期饮食宜清淡，少吃盐。

(5) 尽量少吃零食点心

孕妇如果在产后吃过多的零食点心不仅会破坏整个饮食均衡，也会增加体内的毒素，造成毒素堆积，影响身体及皮肤状况。

(6) 充分补充钙质

产妇在哺乳中会流失钙质，所以在饮食中应该注意钙质的摄取，多吃促进钙质吸收的富含维他命 D 的食品，例如海鱼、动物肝脏、蛋黄和瘦肉等。

(7) 注意三餐规律

新生儿主要以母乳为食。每过两个小时，宝宝就要进一次食，因此妈妈们通常都非常辛苦，睡眠严重不足。这个时候只能从饮食方面来作调整，让妈妈们多吃一点健康营养餐。

(8) 严控油脂的摄取

过多油脂的食物会堵塞乳腺，让乳汁变得粘稠，所以在做菜时要注意少放点油。

(9) 煮过的蔬菜比生吃好

蔬菜中有大量的维生素，维生素在哺乳期将经母乳转给宝宝，而且有些维生素对于母亲而言也是自身不能合成重要的营养素，吃蔬菜对于新妈妈的精神恢复是大有好处的。蔬菜中的水分和纤维素对防止产后便秘很有帮助。另外，煮过的蔬菜更能促进人体对水溶质维生素的吸收。

(10) 哺乳期间少喝咖啡、酒精

因为这些饮品会从乳汁中渗透出来。

『我的梦想是把女性从天然的本来状态中拯救出来。』

——迪奥先生（Christian Dior 品牌创始人）

我几乎每天都会收到很多邮件，内容大部分是询问关于美容护肤方面的知识。她们有的是上我课的学生，有的是慕名而来询问的人。只要我有空的时候，都会一一为她们做出解答。有些朋友也会在邮件里面讲述自己的各种困扰，或者来自家庭，或者来自工作，我愿意做她们的倾听者，也愿意把我的感受反馈给她们。因为她们所经历的这些都是我曾经历过的，我愿意把自己对生活的感悟分享给她们。

我只是一个在课堂和电视上给大家讲述护肤美容知识的"老师"，不是多么伟大，也没有多么完美。我希望自己的每一次讲述都能给别人切实带来帮助，我希望自己的每一次倾听都能够给她们的生活带来一点温暖，能让她们的人生有一个小小的改变。这些就是我继续坚持在这个行业里最大的动力。

第四章

·四大魔法，给你一本美丽圣经·

美，就是这么快!

伊然与自品牌

我和自己的团队用了一整年时间，打造出最适合亚洲人肌肤的抗老巅峰巨作——伊然美丽。你可能很难想象，我们初选了全球 100 多个原料供应商，过五关斩六将地精选出最具效果的美容成分。为了达到效果，我们找寻了 1200 位体验者，通过 120 天的时间来感受这些成众配方。一次次的试验调配，一次次的原料配比，终于功夫不负有心人，我们的产品得到了体验者的认可。我也特别感谢我的领导吕义雄先生和韩艳女士，他们是一直支持和挺我的人。我永远记得和老板见面时，他告诉我的那句话："伊然奇迹因你而生！"我努力着，期待"伊然美丽"给大陆女性带来年轻、美丽和自信!

七天打造最嫩最白最年轻的你

这是我的亲身经历。如果你保证 7 天之内可以悠闲在家，那么你完全可以打造出一个不一样的自己。

第一天：扫清障碍

皮肤暗黄没有光彩，主要是因为角质层过厚造成的。因此在开始一周肌肤护理之前，先要把皮肤的吸收通道打开，将多余的角质清理掉。尤其是在春夏季节，皮肤新陈代谢速度加快，容易出油、出汗，表面堆积的脏东西较多。这个时候我们可以选用去角质的清洁产品，为肌肤打开一个绿色通道，方便皮肤吸收更多营养成分。

第二天：补充水分

做好了去角质的准备工作，第二天开始就需要给皮肤大量补水了。除了内部调理多喝水之外，我们还可以通过保湿面膜或含有透明质酸的保湿化妆水来加强水分补充。有了水分的滋润后，皮肤的角质层也会变得充盈而柔软。

第三至五天：美白护理

做好了前期准备之后，接下来的三天是最为关键的步骤，需要给皮肤补充营养的。我们把大量的美白精华液当作面膜来使用，将化妆棉泡在保养护肤品内，让化妆棉充分吸收营养成分，然后把化妆棉湿敷在脸上，连续三天，肌肤的美白效果和亮泽度会非常明显。不过在补充皮肤营养的过程中，一定要记得最好选择同一系列的护肤产品，这样不容易对皮肤产生刺激作用。

第六至七天：持续保湿

在给予肌肤充分的营养成分之后，虽然可以实现美白，但是想要皮肤看起来有光泽，最重要的还是要注重补水。只有当皮肤的角质层充满水分的时候，才会让皮肤底层的黑色素变得不明显，因此皮肤护理开始和尾声的重点都是在于补水。只有补充了足够的水分，皮肤才会光彩照人。

反"孔"精英：肌肤毛孔保卫战

随着年龄的增长，毛孔粗大的问题日益明显，而造成毛孔粗大的主要原因是皮肤毛囊中的结缔组织失去弹性，肌肤组织老化萎缩。虽然看似简单，但是处理毛孔粗大确是女人一辈子都在研究的课题。

1. 补水保湿，收紧毛孔。注意不要熬夜、饮酒。这样会加重肌肤缺水、衰老。

2. 做好基础清洁、保湿和防晒工作。选择富含增生胶原蛋白、弹力纤维及收缩毛孔成分的保养品，尽可能去改善已经形成的粗大毛孔。

3. 彻底清洁，注意调节皮肤的水油平衡。每天使用平衡油脂分泌、清理毛孔的化妆水和乳液。每周选用去角质产品进行深层清洁，辅之按摩霜进行按摩。按摩和去角质时应注意手法，尽量不给肌肤造成负担。

缩小毛孔护理应避免误区

1. 市场上标榜的各种去角质、收缩毛孔的护肤品，多是治标不治本，不能从根本上达到收获毛孔的目的。

2. 维A酸纠正毛囊及皮脂腺管口的异常角化，所以能起到真正收缩毛孔的作用。但维A酸具有一定的刺激性，容易使人出现烦躁不安、皮肤瘙痒等副作用。

3. 不要盲目蒸脸。据说蒸面可以打开毛孔，帮助皮肤吸收营养物质。

但事实上，当温度超过 50 度时，皮肤就会受到损伤，细胞萎缩，毛孔周围更加松弛。毛孔粗大的问题不仅没有解决，还造成了其他的皮肤问题。

排毒食疗，酿造清透美肌

身体每天都要摄入不同的营养成分。而对于摄入体内的物质，身体都要进行转化和分解，排泄掉无用或有害的物质。但当我们身体出现问题，作息不规律，身体机能无法正常发挥作用的时候，就会出现内分泌紊乱，体内毒素无法排出，并且长期滞留体内，这样就造成了皮肤的各种问题，包括痘痘肌、肤色蜡黄无光泽等现象。

我们每天摄入各种食物来维持身体所需要的能量，在这个过程中就已经在体内产生了毒素，再加上不当的肌肤护理、外在的环境污染等问题，身体每天需要承受的毒素量就更加庞大。其中内在毒素包括：自由基、宿便、胆固醇、脂肪、尿酸、乳酸、水毒和淤血；外来毒素包括：大气污染、蔬菜中的农药残留、汽车尾气、工业废气、化学药品、辐射、食物中的防腐剂、化妆品中超标的重金属、垃圾食品等现代文明带来的毒副作用。内生之毒指新陈代谢中产生的代谢废物，生气时人体会产生一种酸毒，肠内宿便及糖脂肪，蛋白质代谢紊乱所产生的毒素。当内分泌紊乱，毒素无法及时排出的话，长期滞留在体内就容易引发肌肤问题。

喝蜂蜜水排毒

蜂蜜营养丰富，是一种天然的碱性食品，长期食用蜂蜜能够滋阴润肺，有祛痰止咳的功效。早晨起来用温水冲一杯蜂蜜水，帮助清除体内毒素。蜂蜜是物美价廉的护肤品。它能供给养分，使皮肤具有弹性，更能杀灭或抑制附着在皮肤表面的细菌，还能消除皮肤的色素沉着，促进上皮组织再生。

吃海带排毒

海带味咸，性寒，具有消痰平喘、排毒通便的功效。它所含的蛋白质中包括8种氨基酸。海带的碘化物被人体吸收后，能加速病变和炎症渗出物的排除，有降血压、防止动脉硬化、促进有害物质排泄的作用。

餐后一杯草本茶

红茶和绿茶提取物中富含茶多酚等成分，具有抗氧化作用，能够帮助促进新陈代谢。经常饮茶，不仅能使人精神振奋，增强思维和记忆力，而且茶叶中含有防辐射物质，边看电视边喝茶，能减少电视辐射的危害，保护视力。而且饭后一杯茶可以平衡身体内的酸碱度，促进身体新陈代谢，帮助皮肤排毒。

柠檬清肺净血

柠檬的高度碱性能止咳化痰、生津健脾，有效地帮助肺部排毒。柠檬中富含抗氧化功效的水溶性维生素C，能够帮助身体有效改善血液循环不畅通的问题，帮助血液的正常排毒。

停止过敏肌肤的妙招

注意水油平衡

在选择皮肤保养品的过程中，要注意无论是保湿精华、乳液还是面霜，都要求护肤品质地水润、轻薄易吸收。我们要注意维持水油平衡，在补水的同时注意皮肤的油脂分泌情况。

避免敏感时化浓妆

大多数卸妆产品都对皮肤有一定程度的刺激和伤害。因此在皮肤敏感的时候，尽量不要化浓妆，同时使用纯植物成分的卸妆油，用以帮助缓解化妆品带来的皮肤压力。如果家里有婴儿油，也可以用来做卸妆油，不仅能够卸妆，而且还能使得皮肤免受刺激。

防晒很重要

在肌肤产生敏感时，更要注意做好日常防护工作。紫外线会降低肌肤的保水度，进而让过敏恶化。为了避免过敏加剧，每天出门前都要使用SPF25/PA++以上的物理性防晒而非化学性防晒品，涂抹时要注意足量而且覆盖均匀。如果能搭配防紫外线的遮阳伞、太阳镜，更能增强防晒力。

膏状舒缓面膜

在洁肤之后使用舒缓修复功效的面膜，能够帮助皮肤摆脱疲劳敏感症状。修复舒缓面膜中一般都含有镇定皮肤的成分，如：天然植物萃取物、海洋水或温泉水成分，在补水保湿的同时，帮助皮肤放松，协助皮肤新陈代谢功能的正常化，加强皮肤的自我修复能力。另外在能够帮助皮肤缓解疲劳症状的各个面膜中，膏状的面膜是让皮肤最能够无压力的一种，撕拉式的面膜在去除的过程中会因牵引的作用而伤害皮肤表皮，导致对皮肤的刺激加重。而织布面膜中则通常都会添加安全剂量的防腐剂，让处在敏感状态下的脆弱肌肤更加不堪重负。

美，就是这么"省"

抛开繁复昂贵的追美方法

随着科技越来越发达，生活中充满了琳琅满目的美容品，五花八门的美容知识，追求美的方法也变得越来越多样化。这样鱼龙混杂，是否能抽丝剥茧地找到适合自己的方法呢？

我在家里准备了色卡，每天对照了解皮肤阶段和酸碱平衡 PH 值。如果你的身体处在酸性的话，脸上的皮肤就会发黄、起痘，色斑堆积；如果是中性偏碱性的话，说明你的身体状况很好，皮肤也会很好。所以，多吃青菜和五谷杂粮来调节肠胃，平衡身体的酸碱度，才能帮助调节你的皮肤。很多偏酸性的食物我都不吃。平时在家里都是阿姨做饭，菜谱是各种青菜或鱼汤。我会提前订制出来，然后让阿姨按照菜谱来做菜。

这样的人生过得很健康，但有时也有点枯燥和乏味，我也知道人生的几大乐趣无非就是吃喝玩乐，但是想想吃喝玩乐过后，要承受的是发福的身材、爆痘的脸以及发泄之后的精神匮乏，又觉得那样自残一样地浪费生命，是我绝对不可能接受的生活方式。

为了美，有些代价是必须要付出的。如果你是我说的那种享受吃喝玩乐的人，那么以后就少吃一点不健康的食物，少玩一会儿，多睡一会儿，营造一个良好的生活环境，养出一个美美的自己，才有资本继续享受生活。

普通人的三大美白方法

1. 酒糟 + 温水

用适量温水将冰冻的酒糟调开，把面膜纸放在里面浸泡，之后把泡透了面膜纸敷在脸上 8 分钟就可以了。不过要先在手上或者耳后进行试用，避免引起过敏。

2. 甜酒酿面膜

将甜酒酿里面的米磨碎后，将面膜纸放进去充分吸收酒酿的精华，然后敷在脸上 10 到 15 分钟即可。它能够帮助美白，改善肌肤光泽。

3. 清酒化妆水

日本料理中的清酒其实也是美白好帮手。洗脸后，直接把清酒用化妆棉抹在脸上就可以了，但要避免接触破损皮肤。如果脸上有痘痘，要慎重适用此法。等清酒吸收之后再涂上精华和面霜，对美白具有很好的效果。

为什么说醪糟、酒酿和清酒都能够有美白的作用呢，这主要是因为它们都含有一种成分——麴酸，也就是类似于 pitera 的酵母，所以具有非常好的美白功效。

肌肤断食法——给肌肤放个大假

我国从古至今有辟谷疗法，帮助身体排出体内毒素，而断食疗法其实和辟谷是异曲同工之妙，不过称呼不同罢了。"断食"疗法是日本非常热门的护肤方式，在各种美容达人、美容书籍还在指点我们该如何"喂养"肌肤的同时，已经有很多人开始体验肌肤"断食"的奇妙效果。

过分清洁，会减少肌肤水分，造成油分相对过剩，引发粉刺、暗沉等问题。每到星期五，在彻底清洁之后，涂上足够的保湿乳液，开始肌肤断食。周末两天，早晚用温水洗脸，涂化妆水。仅此而已，让毛孔的油脂起到滋润作用，星期天晚上用化妆棉吸取化妆水充当面膜为角质层充分补水，为第二天的正常护理和化妆做准备。

(1) 断食时机：肌肤敏感，或是换季的时候。

(2) 断食理由：断食能够提高肌肤自愈能力。

3. 喂养做法：

(1) 洗脸水的温度应该略低于肌肤温度。

(2) 绝对不要拉扯肌肤。无论是清洁、擦干，还是涂护肤品，都用指腹轻压。

(3) 凡士林（润肤油或乳霜）的用量要尽量的少，之后用纸巾吸去多余部分。

（4）可以化妆，但为清洁方便，最好用粉质粉底。难以清洁的部位用棉棒蘸卸妆液局部清洁。

拟定断食计划：（一日断食餐）

适用人群：轻微敏感型。换季或者用比较刺激的保养品时，脸上就会冒出小疹子，特别干痒。

特制 Menu：

夜护理：温水洗脸→化妆水→清爽乳液

日护理：温水洗脸→化妆水→宝石精华液→清水日用乳液

断食成果：一天消退敏感红疹

拟定断食计划：（二三日断食餐）

适用人群 内分泌失调型。每逢压力大或是生理期前后，都会水油失衡，长痘痘。

特制 Menu：

第一天：

夜护理：卸妆水（霜）→化妆棉擦除

日护理：温水洗脸→面膜浸透保湿化妆水敷脸→保湿精华液→夜用乳

液（晚霜）

第二天：

比第一天夜护理的步骤多加入"温水洗脸→保湿精华液"步骤，其他相同。

第三天：

比第一天的夜护理步骤多加入"温水洗脸→化妆水→保湿精华液"步骤，其他相同。

断食成果：面部粉刺不再明显，数量明显减少

拟定断食计划：（三日断食）

适用人群：营养过盛型。暗沉、痘痘、毛孔粗大等问题，一丝不苟地护肤，但脸色仍然没有好转。

特制 Menu：

夜护理：卸妆乳（霜）→化妆棉擦除→温水洗脸或泡沫敷脸法

日护理：温水洗脸→化妆水→保湿精华液→夜用乳液（晚霜）

断食成果：出油状况明显改善，肤色变好看

断食时机一：遭遇生理期

断食理由：断食能够为肌肤排毒

喂养做法：比起每天一层又一层的往脸上擦护肤品，生理期的肌断食护肤法特别简单，省去了很多麻烦的护肤步骤，能够在皮肤状况非常不好的状况下，发挥很多护肤品无法达到的功效，对皮肤能够起到有效的改善作用。

1、选择乳液状或者霜状卸妆品

当肌肤出现小问题的时候，就要避免使用会乳化的卸妆油产品。因为乳化的过程会洗掉肌肤表面的油脂，让皮脂膜变薄，从而造成肌肤敏感。不如改换乳液状或者霜状的卸妆品，把它们涂在脸上，稍微按摩开来之后，再用化妆棉擦掉。

2、坚持不起泡的洗脸方式，尽量避免揉搓

不要追求洗面奶的泡沫多少，清洁度有多高，试试温水洗脸，不要大力的揉搓脸部，使用少泡或者无泡的洗面奶，这样才能够让皮肤不会越洗越干。如果担心皮肤表面的脏东西会洗不干净，可以在洗脸水中加入少许的盐，轻轻地把水泼在脸上，也能够起到清洁的作用，而且不会伤害到脆弱的皮肤表层。

3、少搽一些保养品，给肌肤透气的机会

肌肤断食期间，绝对没有"一定要用护肤品"的规矩，一切都根据肌肤的状况灵活掌握。推荐使用可以增加后续吸收、加强保湿的"开胃"化妆水。如果不觉得紧绷，省略精华液、乳液、面霜也无妨。

断食时机二：旅行或赶场

断食理由：断食让肌肤吸收更好

喂养做法：经过一整晚的肌肤断食，第二天早上把本来应该晚上用的乳液或者晚乳霜用在脸上，你会发现皮肤会将所有的营养成分全部吸收了。而且不用担心护肤品太过滋润，甚至可以在缺水的部分再多涂一层，以达到皮肤水油平衡的目的。

皮肤常常因为各种各样的问题，不断地向我们拉响警报。我们需要根据皮肤的不同状况来决定实行皮肤断食法的时间长短。如果皮肤出现不好的状况，就应该马上实行断食法，皮肤状况好转之后，就可以停止皮肤的断食。如果还是没有好转的话，可以再实行一天的断食法，等皮肤状况恢复之后，就可以使用日常的保养方法了。

美，就是这么"牛"

什么才是真的适合自己的美

现在有很多人通过微博、微信、电话或邮件等渠道找到我，向我咨询各种各样的美容知识，有些问题也会非常琐碎。我会请大家把自己遇到的美容问题整理好，拍照后发邮件给我。我非常开心，也很享受那种成就感，因为自己能够切实帮助别人去解决有关肌肤的问题。你要知道，一个人的皮肤就是像生命一样重要的东西。

做一行爱一行，爱一行专一行。如果业绩不好，我要找出业绩不增长的原因；如果节目收视率不够的话，我就会反思是不是自己的表现不够好。我不惧怕挑战新事物，也从来不会惧怕压力，它们全部都化成了工作的动力。我认为现在大家所说的压力多半是对自己没有信心，不足以让大家信任你能够完成这件事情。

我们公司是等级制度森严的外企。老板制定了一个非常游戏化的生存方式：能力强就升级，能力弱就降级，这种能力很直观地表现在收视率上，非常精准。我之前就喜欢讲理由，觉得是因为灯光等情况不好，导致嘉宾的皮肤状况不是很好，造成收视率不理想。后来经过几次谈话，我才意识到生存下去是没有任何理由可讲的，只有那串数字才是你存在的唯一标准和保障。渐渐地，我更习惯于用数字来衡量自己工作状态的好坏，力图找出女性心里想要的东西，说女性心里想听的话，做女性心里想要你帮助做的事情。我会设身处地去为她们着想，也会依据她们每个人不同的人生轨迹，找到一个最适合自身改变的方法。

我曾经面临过被公司开除的困境。那时候我放弃了电视台主持人的稳定工作，来到了这家外企，希望去尝试一个全新的方向。但是初来乍到，我将近半年的时间都没有业绩，做的文案也是假大空，光知道瞎说，却讲不到重点。在最后决定命运的关键时刻，公司给了我一档覆盖全国的节目。当天我从上海坐高铁赶来，一路在发烧感冒，气喘吁吁。在演播室楼下，我在想：这是我的梦想，那么多人都能做好，我为什么不可以！终于，我实现了 12.7% 的收视率，而那档节目的最好收视指数是 6.5，这意味着已经有上千会员在关注这档节目了。领导看到收视率的报表之后的第一句话是："伊然你上道了。"从那次以后，我的能量一下子就爆发了。即使我多么没有力气，一旦上了舞台就会完全不一样，每次下了节目衣服都是湿的。我得到了所有人的赞赏。

现在的生活压力越来越大，尤其像北上广深这样的大城市。上班族每天忙忙碌碌，都在为衣食住行奔波着，谈不上乐趣，谈不上爱好，吃饱喝足就已经不容易了，更何谈享受生活呢？我身边有太多这样的人，朝九晚五在公司、地铁、家之间三点一线地往返着，周六日最大的享受就是好好睡一个觉。对于这样的生活状态，我希望能有一些简单的知识告诉大家，让大家在日常的忙碌中也能找到一点关于美的乐趣。

七种食物帮助你转换心情

人的情绪状况与饮食是息息相关的，健康的饮食习惯和容易吸收消化的美食，有助于人们调节心理状态，抛开负面情绪，轻松工作。

1. 蛋白质可以提高警觉能力

蛋白质在体内被分解成各种氨基酸，其中之一的酪氨酸是肾上腺素及多巴胺的前体，可提高此类神经递质的含量，进而增加人的警觉水平，使人处于比较主动的情绪中。因此高蛋白的食物常被看成对情绪有积极作用，鱼、禽、肉、蛋就是这类的代表，而奶和豆腐也是不错的选择。

2. 碳水化合物可以缓解压力

碳水化合物可以引发胰岛素的释放，胰岛素可以清除血液中的所有氨基酸，而只留下色氨酸，这大大有利于色氨酸进入脑细胞。用碳水化合物食物改善情绪的正确做法是：选择那些需要比较长时间消化吸收的谷物、麦片和水果，它们可以使血糖长时间维持在一定的浓度上，让人们的心情稳定而愉快。

3. 吃肉让人烦躁

很多人都是"肉食"动物，吃饭的时候无肉不欢。有数据表明，人吃了大量的肉食之后，容易变得脾气暴躁，这主要是因为肉类中含有大量的动物蛋白，它会减少人体闹钟色氨酸的含量，从而导致人会出现忧虑或者好斗的倾向。当然这并不是决定性，就像吃素也不一定100%对身体好一样，因人而异，还是要量力而行，适可而止，凡事有个度。

4. 饮食清淡让性情温和

长期吃素并不一定都是好的，但是长期保持清淡饮食的人，的确性情比较温和，这主要是因为蔬菜、水果中含有大量的血清素，能够帮助身体排除有害物质的同时，还能够降低人的攻击性。现在很多人在主张素食主义，在正确的指导下，尝试素食未尝不可，但切勿矫枉过正，过度坚持，反而对身体造成不好的效果。因人而异，适可而止。

5. 全麦面包

全麦面包中含有能够帮助身体调节情绪的色氨酸。在吃其他食品之前，吃上几片全麦面包，不仅会有饱腹感，而且因为全麦中含有消化系统健康必不可少的纤维，可以吸收身体不需要的胆固醇和脂肪，对健康大有好处，更能起到减肥的作用。

6. 牛奶

温热的牛奶向来就有镇静、缓和情绪的作用，尤其对经期女性特别有效，可以帮她们减少紧张、暴躁和焦虑的情绪。早上空腹或者饭前喝一杯牛奶，还能够帮助身体消化吸收功能。

7. 香蕉

香蕉能够在人体内合成一种化学成分——血清素，这种物质能刺激神经系统，给人带来欢乐、平静及瞌睡的信号，甚至还有镇痛的效应。因此，香蕉又被称为"快乐食品"。香蕉中含有多种营养物质，而含钠量低，且不含胆固醇，食后既能供给人体各种营养素，又不会使人发胖。因此，常食香蕉不仅有益于大脑，预防神经疲劳，还有润肺止咳、防止便秘的作用。

美，就是有"魔力"

"伊然美丽"，从名到实

无论任何事物，我都会本着踏实务实的精神来对待，美丽也是一样。起初，"伊然美丽"只负责为广大女性传达美丽的概念。最终在团队的合作下，我们终于创立了"伊然美丽"护肤品。这真的像是一个孩子从孕育到出生的完整过程，也是一次将我的专业经验更加完善的过程。

"伊然美丽"护肤品的意义

市面上国内外的护肤品太多太多，为什么要创立"伊然美丽"的护肤品，它对我们的肌肤到底有什么帮助？顾客在千里挑一的护肤品市场，会选择"伊然美丽"吗？这一切的问号都成了我们研发开始的难题和门坎。

说起伊然美丽，就一定要提到和我们一起奋斗的白羊座女孩"小白"。她凭着认真、天马行空的创意和不怕吃苦的工作精神，定位了"伊然美丽"护肤品系列的主题主打抗衰老，并研发出了最适合保持亚洲人肌肤的年轻态产品。当时的我在北京每个月保持着 30 档节目的录制，也在穿梭各个城市的通告活动中，只有在休息时间我才能抓紧和团队进行创意沟通。这不是一个简单的过程，每个人的创意都可能创下销售的奇迹。我们踏遍了所有护肤品专柜，买遍了从大到小、从山寨到正版的保养品，研究每一瓶、每一只的成分配比，这样的成分又能带来什么样的效果。办公室的男孩女孩地不惜自己的肌肤，成为了实验的"小白鼠"。你可以想象我们泡在实验室里的状态，那种辛苦值可以超过想象的 10 倍。

特别的风云话题"童颜微整形"

应时应季很重要，紧跟或超越流行趋势更重要。当几乎所有女人都希望用微整形去感受年轻时，保养品也需要和微整形并论。但是，如果没有一流的科技和研发技术，就根本无法与微整形挂靠。

正在我们即将把"伊然美丽"护肤品定位成为首个微整形系列时，大牌"微整形"护肤品一马当先地风靡了保养品市场。这对我们来说不是一件坏事，因为鉴于前者经验，我们会做得更好。我们也在各个国家原料供应商中，寻找适合自身价位的成分。最终"伊然美丽"定名为：伊然美丽童颜微整形护肤系列。在将近一年的时间成品出生。正当我们欣喜若狂地准备寻找一万名体验者感受产品时，一份批文下达：要求含有微整形等夸张命名的产品必须下市。这对我们无疑是个重大打击。但在冥冥之中，我仍然认为这是一件好事，在将还未上市的产品扼杀在摇篮的同时，也将产品的生命力无形中延长了。

第二次研发与孕育

这一次我们多少都有点担心。但这时我的领导吕义雄先生支持了我们，"必须要用更高级别、更领先的一切设备和包装，不惜代价要做最好！"我们夜以继日地工作，找到了最能抗衰老的配方，包含获得了诺贝尔医学奖的成分。这将是亚洲护肤品市场的一次颠覆。就这样，"伊然美丽"系列从一万人自愿报名体验，升级成为五万女性自愿报名体验。她们的试用经验，让我们更加有了畅销的信心，并将这套护肤品的名字改为"伊然美丽青春赋活系列"。我们的理念就是给你青春，让你找回青春的自己。终于，我的青春有了属于自己的第一个品牌。我也特别感恩，因为如果没有团队、没有与韩束妆业吕义雄先生和韩燕女士的支持，也就不会有"伊然美丽"的诞生。

衰老肌肤呐喊的 N 种信号

长期熬夜、频繁化妆和环境污染常常让我们的皮肤不堪重负，皮肤的修复能力渐渐下降。即使在年轻的时候，皮肤状况也会受到影响，发出多种信号来求助。日常生活中，我们要多多注意保护自己的皮肤，让衰老的肌肤信号来得晚一些。

信号一：大毛孔开始向两颊扩张

毛孔粗大并不单单是因为皮肤出油导致的。其实随着年龄的增大，皮肤的弹性减弱，两颊的毛孔越来越粗大，这些信号正是皮肤衰老的征兆。

信号二：充分补觉也无法消除黑眼圈

现在年轻人都喜欢熬夜。我们会发现，以前熬夜甚至通宵不睡，补觉之后黑眼圈就会消失，但是最近不论怎么补觉都无济于事。这是因为皮肤的代谢功能降低，黑色素沉淀，所以眼睛周围的皮肤都会比较暗沉。

信号三：大笑时出现的表情纹难以消除

大笑时眼部、嘴角的地方受到拉扯，很容易产生细纹。年轻时肌肤弹性好能快速恢复，随着年龄的增长，表情纹就会慢慢变成皱纹。对镜自查，出现细纹一定要提高警惕！

信号四：肌肤经常出油，但还是感觉干燥

研究表明，水分减少是皮肤老化的主要根源之一。随着年龄的增加，皮肤角质层中的自然润泽因子含量减少，致使皮肤的水合能力下降，这更加重了皮肤干燥的程度。

信号五：细纹变得像网一样交错着

洁面后用手指轻推肌肤，如果纹路变得错综复杂，交织在一起，说明你的肌肤在老化。

信号六：脸上的斑点越来越多、越来越深

大多数人脸上的雀斑、黄褐斑等，都是皮肤开始衰老的表现。"光老化"会引起皮肤弹性组织减少或变性，表现出来的就是色素异常和紊乱。

年轻的时候我们喜欢挥霍青春，称之为青春的肆意；年长后我们开始抓着青春的尾巴不放，生怕自己进入中年人的行列。但此时身体忠诚的表现让我们突然意识到，青春真的正在一点点地离我们远去：暗黄的皮肤，脸上的细纹都在向我们证明这一切。为了让自己保持年轻状态，我们更需要注意皮肤保养。

如何区别真假性皱纹

1. 如何鉴别真假性皱纹

把脸洗干净，在保持脸部湿润的情况下，在阳光下对着镜子，脸部肌肤放松。在不带任何表情的情况下，仔细观察脸上的每一条纹路，这些就是你目前为止的真性皱纹，然后可以做一连串的表情，当你做表情时看到的皱纹，这些纹路就是表情纹，也就是假性皱纹的一种。如果粗心大意的放任表情纹不管，慢慢地它们的纹路就会越来越深，最后形成了真性皱纹，那时候就难以祛除了。因此要防患于未然，皮肤抗皱是一项非常艰巨的任务。

2、如何对待假性皱纹

现在市面上有非常多的祛皱抗衰老功能的保养品，只要你认真地去找，总会找到一款适合自己的保养品。当脸上开始出现假性皱纹时，就是皮肤正在给我们发信号：是到了使用抗皱产品的时候了！针对假性皱纹，如果选择对了护肤品的话，还是可以把假性皱纹慢慢减淡的，延缓假性皱纹变成真性皱纹的时间。假性皱纹的产生主要是因为习惯性的动作表情，加上皮肤干燥缺水、睡眠不足引起的。在延缓衰老的道路上，补水和健康的生活作息是非常重要的课程。

任何表情做得多了都可能形成表情纹，其中最具有代表性的有以下几种，如果你习惯性地做这些表情而不自知，长久下来，表情纹就会"弄假成真"。想要抚平假性皱纹，首先要努力改掉这些坏习惯。

(1) 压力大或思考时皱眉——眉心的川字纹和鼻根部的横纹。

(2) 习惯性眯起眼睛看东西——内外眼角横向细纹。

(3) 经常开怀大笑——眼尾放射状的鸡爪纹。

(4) 喜欢抬眉或瞪大眼睛——额头横向皱纹。

(5) 经常忧伤或者撇嘴——鼻嘴两侧的法令纹。

(6) 经常吸烟或者嘟嘴——唇部纵形细纹。

能够有效去除皱纹的方法就是增加皮肤的胶原蛋白含量和水分含量，帮助皮肤保持弹性，增加皮肤的新陈代谢功能。胶原蛋白可以通过口服胶原蛋液来补充，也可以通过保湿性比较强的护肤品来补充。另外多多运动，增加有氧锻炼以提高身体机能，也可以有效帮助皮肤延缓衰老。

后记：

当你美丽，全世界都会美丽

从事这个行业以来，最大的收获和成就感就是获得别人的信赖，这让我觉得所有的辛苦付出都值得。我能够让大家信服，并且能真正地帮助到那些迫切需要得到改变的人，这也让我对自己所从事的行业感到莫大的欣慰。

身边的朋友都了解我的工作状态。我从早上起来就开始接电话，每天上百个，连晚上说梦话的时候都在聊工作。朋友会说你何必这么辛苦呢？但是我觉得所有辛苦都是值得的。我忙得很充实，虽然年龄不大，但是在这个行业摸爬滚打了这些年，我所经历的挫折和坎坷都教会了我很多，同时也让我知道了为什么会继续辛苦坚持着。这都是因为我对这个行业的热爱，对信赖我的观众和学生的热爱，对于能够将我所学所知传授给大众的这种满足感的热爱。

很多朋友也劝我不要对外泄露自己的年龄，因为年龄会让你的专业知识缩水，亵渎你的专业能力，会让很多人不信任你。但是我却不这么认为，年龄不过是一个符号。也许会有人持怀疑态度，觉得这个人初出茅庐一定不怎么样，也有很多学生是抱着怀疑的态度在课堂上端详我的。我对这些质疑的人非常欢迎，也愿意通过我的专业知识、个人经历和讲课方法和他们交流。这些足以证明，我为什么可以站在课堂上或者电视机前侃侃而谈。

我始终相信的一句话是"付出必定有回报"。很多人会抱怨，我已经付出了那么多，为什么什么都没得到呢。请扪心自问，你是真心的付出了吗？你是按照自己所划定的目标去付出的吗？或者你给自己设定过目标吗？记得我还在西安工作的时候，来到北京就是一个特别大的梦想。几年前，我终于怀揣着伟大的梦想来到了这个人才济济的城市，用最短的时间适应这里的生活，用最快的时间熟悉这里的工作环境。于是我有了下一个目标，一定要在这里有一套自己的房子。我拼命地工作，寻找各种学习的机会，很幸运地在两年之内买了房子和车。其实我和很多漂在北京的人一样，初来乍到，什么都没有，甚至时时处处都被这个城市排挤着，但是学会适应，学会熟悉，学会改变和创造，这些让我比其他人更快地融入了这个庞大的经济生活圈子中。我的资本是什么呢？朋友玩儿的时候我没有在玩儿，同学在聚会的时候我也没有聚会，我也想向其他年轻人一样，没事放松享受一下，和朋友聊聊天，做做梦。但是我并没有这样做，我在控制自己，也在克制自己。如果我选择了玩乐，那么现在的我仅仅是一个普通打工族，拿什么谈实现梦想呢？

零零散散地，我竟然和大家说了这么多。我是一个上节目话特别多，但是平时话很少的人。我之所以希望在这本书里分享自己的个人成长故事，是因为我不仅仅希望大家猎取到的是美容秘笈，而是接收到更多有共鸣的成长信号，感受到我是一个生活在你们身边的好朋友。我愿意倾囊相助，帮助大家在寻找自信、自我的道路上披荆斩棘，和大家同呼吸共命运，一起探索如何使自己变美的真谛。

我愿意为大家服务，大家也能够在这里得到真正有帮助的东西。这样就足够了。

图书在版编目（CIP）数据

依然美丽 / 伊然著 . ﹣﹣南京 : 江苏文艺出版社，2014
ISBN 978-7-5399-7295-4

Ⅰ . ①依… Ⅱ . ①伊… Ⅲ . ①女性－美容－基本知识 Ⅳ . ① TS974.1

中国版本图书馆 CIP 数据核字 (2014) 第 054712 号

书　　名	依然美丽
著　　者	伊　然
责任编辑	黄孝阳
出版发行	凤凰出版传媒股份有限公司
	江苏文艺出版社
出版社地址	南京市中央路 165 号，邮编：210009
出版社网址	http://www.jswenyi.com
经　　销	凤凰出版传媒股份有限公司
印　　刷	北京盛兰兄弟印刷装订有限公司
开　　本	710×980 毫米　1/16
印　　张	14
字　　数	200 千字
版　　次	2014 年 8 月第 1 版　2014 年 8 月第 1 次印刷
标准书号	ISBN 978-7-5399-7295-4
定　　价	38.00 元

江苏文艺版图书凡印刷、装订错误可随时向承印厂调换